Birhanu Bayeh

Princípio da genética

Birhanu Bayeh

Princípio da genética

Livro de texto

ScienciaScripts

Imprint
Any brand names and product names mentioned in this book are subject to trademark, brand or patent protection and are trademarks or registered trademarks of their respective holders. The use of brand names, product names, common names, trade names, product descriptions etc. even without a particular marking in this work is in no way to be construed to mean that such names may be regarded as unrestricted in respect of trademark and brand protection legislation and could thus be used by anyone.

Cover image: www.ingimage.com

This book is a translation from the original published under ISBN 978-3-659-85380-7.

Publisher:
Sciencia Scripts
is a trademark of
Dodo Books Indian Ocean Ltd. and OmniScriptum S.R.L publishing group

120 High Road, East Finchley, London, N2 9ED, United Kingdom
Str. Armeneasca 28/1, office 1, Chisinau MD-2012, Republic of Moldova, Europe
Printed at: see last page
ISBN: 978-620-7-84694-8

Índice:

PREFÁCIO

Principle of Genetics foi escrito para cursos que requerem um texto que facilite a compreensão dos princípios básicos e da aplicação da genética. Princípios de Genética foi escrito para ser mais acessível a estudantes do ensino superior com formação numa série de disciplinas, incluindo biologia, medicina, agricultura, química, engenharia, psicologia e gestão da vida selvagem. Devido ao facto de o texto ser mais curto do que muitos outros livros, Princípios de Genética é também mais fácil de gerir para cursos de um semestre.

Este livro de texto contém nove capítulos que descrevem em pormenor os fundamentos e a aplicação da Genética.

CAPÍTULO 1

GENÉTICA E HISTÓRIA DA GENÉTICA

Definição

- **A genética** é a ciência da hereditariedade e da variação nos organismos vivos.
- **A ciência da genética** trata dos princípios que explicam as semelhanças entre os pais e a sua descendência e as diferenças entre os indivíduos de uma mesma espécie.
- **A herança** refere-se à transmissão de vários caracteres dos pais para a descendência. Não são os caracteres que são transmitidos dos pais para a descendência. Na verdade, unidades funcionais distintas, conhecidas como genes, são transmitidas de pais para filhos, e são os genes que governam o desenvolvimento do carácter de um indivíduo.
- **O carácter ou traço denota** uma caraterística morfológica, anatómica, fisiológica, bioquímica ou comportamental de todos os organismos. Alguns exemplos de carácter humano são: cor dos olhos, cor do cabelo, cor da pele, presença de pêlos nas orelhas, diabetes mellitus (excreção de açúcar na urina), grupos sanguíneos, etc.
- As diferenças entre indivíduos de uma mesma espécie para um carácter constituem a **variação** para esse carácter. Uma vez que o desenvolvimento dos caracteres é governado por genes, a presença de variação em diferentes caracteres de um organismo indica uma variação nos genes que os governam.
- Tendo em conta o que precede, **a genética pode ser redefinida** como a ciência que se ocupa da estrutura, organização, transmissão e função dos genes e da origem da variação nos mesmos

Ramos da genética

- Genética clássica (a transmissão de características de uma geração para outra)
- Genética molecular (estrutura e função dos genes, ADN, ARN)
- Genética das populações (distribuição e comportamento dos genes, em termos matemáticos, numa população)
- Genética quantitativa (estudo da interação dos genes e do ambiente para produzir o fenótipo)
- Genética estatística (estudo das consequências experimentais e teóricas da hereditariedade mendeliana a nível populacional, incluindo estudos de frequências genéticas e genótipos)
- Genómica (o complemento básico de ADN do organismo)
- BIOTECNOLOGIA (A prática da aplicação da tecnologia genética para uso comercial - para o bem ou para o mal)

Panorama da história da genética

Ideias pré-mendelianas sobre hereditariedade

Ideias significativas:

- A matéria é composta por átomos
- As células são as unidades fundamentais dos organismos vivos
- Os núcleos funcionam de alguma forma como a "força vital" das células
- Os cromossomas alojados nos núcleos desempenham, de alguma forma, um papel importante na hereditariedade

Teorias iniciais da transmissão

- Hipócrates 400 a.C. (médico grego) - primeira explicação para a ideia de traços hereditários - sugeriu que as "sementes" eram produzidas por diferentes partes do corpo e transmitidas aos descendentes aquando da conceção; as "sementes" faziam com que certos traços dos descendentes se assemelhassem aos dos pais.
- Pitágoras, 500 a.C. "O vapor húmido desce e condensa-se em sémen que se desenvolve em indivíduo no útero (ventre); supõe-se que a fêmea fez um vapor correspondente e os dois fundiram-se.
- Aristóteles, 300 a.C. supunha que os vapores se acumulavam através do sangue
- Até 1600, muitos acreditavam que a vida podia surgir de materiais não vivos (geração espontânea)
- 1677, Leeuenhoek inventou o microscópio
  Por exemplo, os seres humanos: Os microscópios levaram à visualização do esperma. Muitos pensavam que podiam ver pequenas pessoas no esperma, chamadas homúnculo (homenzinho). Pensava-se que este homúnculo era uma pequena pessoa à espera de crescer no útero da mãe. Pensava-se que as influências maternas sobre as características ocorriam no útero. No entanto, os "ovistas" pensavam que o óvulo era

totalmente responsável e que o espermatozoide apenas sinalizava o início do crescimento.

- Leewenhoek, 1683, viu espermatozóides a entrar nos óvulos (outros afirmaram ver indivíduos pré-formados no esperma!)
- De Graaf,1750 reconheceu os ovos de mamíferos nos ovários, o que levou às teorias **da** "epigénese", segundo as quais um organismo deriva de substâncias presentes no ovo que se diferenciam em estruturas adultas durante o desenvolvimento embrionário
- Lamark, 1790-1800 sugeriu que os epigenes eram moldados pelo uso nos pais para que as "características adquiridas" fossem transmitidas (refutado experimentalmente)
- 1838-1840 Schleider e Schwan desenvolveram a teoria celular
- 1859 Darwin propôs que a evolução e a especiação ocorrem como resultado da "seleção do mais apto" (Pangenesis), a partir de diferenças nos "epigenes"; Darwin discutiu como a reprodução selectiva tinha sido bem sucedida na produção de mudanças ao longo do tempo; Recente: Reprodução selectiva para produzir animais/plantas transgénicos que se reproduzem verdadeiramente (ou seja, são homozigóticos) para os genes artificialmente inseridos ou eliminados.

Mendel e a era pós-Mendel

- 1865 Trabalho de Gregor Mendel, Experiments on Plant Hybridization (padrões estatísticos de hereditariedade)
- 1869 Friedrich Miescher descobre um ácido fraco nos núcleos dos glóbulos brancos a que hoje chamamos ADN
- 1880-1890 Walther Flemming, Eduard Strasburger e Edouard van Beneden clarificam a distribuição dos cromossomas durante a divisão celular/mitose
- 1889 Hugo de Vries postula que "a herança de características específicas nos organismos é feita em partículas", chamando a essas partículas "genes (pan)"
- 1903 Walter Sutton coloca a hipótese de que os cromossomas, que se segregam de forma mendeliana, são unidades hereditárias (redescoberta do trabalho de Mendel)
- 1905 William Bateson utiliza o termo "genética" **numa** carta a Adam Sedgwick e numa reunião em 1906
- 1908 Derivação da lei de Hardy-Weinberg.
- 1910 Thomas Hunt Morgan demonstra que os genes residem nos cromossomas; O termo "gene" é utilizado pela primeira vez
- 1913 Alfred Sturtevant faz o primeiro mapa genético de um cromossoma; os mapas genéticos mostram cromossomas que contêm genes dispostos linearmente
- 1918 Ronald Fisher publica "The Correlation Between Relatives on the assumption of Mendelian Inheritance" (A correlação entre parentes com base no pressuposto da herança mendeliana), dando início à síntese moderna da genética e da biologia evolutiva (genética populacional). (Os cromossomas são propostos como o mecanismo pelo qual as características hereditárias são transmitidas)
- 1928 Frederick Griffith descobre que o material hereditário de bactérias mortas pode ser incorporado em bactérias vivas
- 1931 O cruzamento é identificado como a causa da recombinação
- 1933 Jean Brachet consegue demonstrar que o ADN se encontra nos cromossomas e que o ARN está presente no citoplasma de todas as células.
- 1941 Edward Lawrie Tatum e George Wells Beadle demonstram que os genes codificam as proteínas

A era do ADN

- 1944 Oswald Theodore Avery, Colin McLeod e Maclyn McCarty isolam o ADN como material genético (na altura designado por princípio transformador); o ADN é ligado pela primeira vez à hereditariedade das características.
- 1950 Erwin Chargaff demonstrou que os quatro nucleótidos não estão presentes nos ácidos nucleicos em proporções estáveis, mas que algumas regras gerais parecem ser válidas (por exemplo, que a quantidade de adenina, A, tende a ser igual à de timina, T).
- 1951 - São obtidas as primeiras fotografias nítidas de difração de raios X do ADN.
- 1952 A experiência de Hershey-Chase prova que a informação genética dos fagos (e de todos os outros organismos) é o ADN
- 1953 A estrutura do ADN (ácido desoxirribonucleico) foi descrita como sendo uma dupla hélice por James

D. Watson e Francis Crick

- 1956 Joe Hin Tjio e Albert Levan estabelecem que o número correto de cromossomas nos seres humanos é 46
- 1956 - O ADN é produzido artificialmente.
- 1958 A experiência de Meselson-Stahl demonstra que o ADN é replicado de forma semiconservativa
- 1961-1967 Esforços combinados de cientistas "decifram" o código genético, incluindo Marshall Nirenberg, Har Gobind Khorana, Sydney Brenner e Francis Crick
- 1964 Howard Temin demonstrou, utilizando vírus de ARN, que a direção da transcrição de ADN para ARN pode ser invertida
- 1966 - Descobre-se que o ADN está presente não só nos cromossomas mas também nas mitocôndrias
- 1969 - É isolado o primeiro gene único.
- 1970 - É criado o primeiro gene artificial.
- 1970 As enzimas de restrição foram descobertas em estudos de uma bactéria, Haemophilus influenzae, permitindo aos cientistas cortar e colar ADN

A era da genómica

- Em 1972, Walter Fiers e a sua equipa do Laboratório de Biologia Molecular da Universidade de Gand (Bélgica) foram os primeiros a determinar a sequência de um gene da proteína do revestimento do Bacteriófago MS2.
- 1973 - A engenharia genética começa com a capacidade de inserir material genético
- 1976, Walter Fiers e a sua equipa determinam a sequência completa de nucleótidos do ARN do bacteriófago MS2 (Um gene artificial é inserido numa bactéria e, pela primeira vez, funciona normalmente)
- 1977 O ADN é sequenciado pela primeira vez por Fred Sanger, Walter Gilbert e Allan Maxam, trabalhando de forma independente. Os laboratórios de Sanger sequenciam o genoma completo do bacteriófago O-X174. (O ADN de um vírus é totalmente descodificado pela primeira vez)
- 1978 - As bactérias são projectadas para produzir insulina.
- 1981 - Um gene é transferido de uma espécie animal para outra.
- 1983 - O primeiro cromossoma artificial.
- 1983 Kary Banks Mullis descobre a reação em cadeia da polimerase, que permite a fácil amplificação do ADN
- 1984 - Descoberta de que algum ADN não funcional é diferente em cada indivíduo - nasce a impressão digital genética
- 1988 - A Organização do Genoma Humano tem como objetivo mapear a sequência completa do ADN.
- 1989 O gene humano que codifica a proteína CFTR foi sequenciado por Francis Collins e Lap-Chee Tsui. Defeitos neste gene causam *fibrose quística.*
- 1990 - Realiza-se a primeira experiência genética humana para tentar tratar uma menina de quatro anos.
- 1993 - Os ratinhos são curados da fibrose quística graças a uma terapia genética.
- 1995 O genoma do Haemophilus influenzae é o primeiro genoma de um organismo de vida livre a ser sequenciado
- 1996 *Saccharomyces cerevisiae* é a primeira sequência do genoma de um eucariota a ser divulgada (após seis anos de trabalho, é descodificado o genoma da levedura de cerveja, o organismo mais complexo até à data)
- 1998 É publicada a primeira sequência do genoma de um animal eucariota multicelular (verme), *Caenorhabditis elegans*
- 2000 - Anúncio do primeiro esboço do genoma humano
- 2001 Os primeiros esboços de sequências do genoma humano são divulgados simultaneamente pelo Projeto Genoma Humano e pela Celera Genomics.
  2003 (14 de abril) Conclusão com êxito do Projeto Genoma Humano, com 99% do genoma sequenciado com uma precisão de 99,99

A engenharia genética está repleta de aplicações práticas e promissoras

- Algodão Bt, milho Bt e outras culturas com resistência a herbicidas e insectos,

- vacinas comestíveis
- Terapia Génica: 3 meninas estão hoje vivas porque foi adicionado um gene a um número suficiente de células da medula óssea para permitir a função imunitária que elas nasceram sem deficiência de ADA
- Clonagem de organismos inteiros; a ovelha Dolly
- Impressões digitais de ADN na investigação forense e no diagnóstico de doenças

CAPÍTULO 2

CÉLULAS, ESTRUTURAS E FUNÇÕES CELULARES

Termos e definições

Para compreender melhor o conceito de divisão celular (e também o de genética), convém seguir algumas definições básicas:

- **Gameta** - células reprodutoras (ou seja, espermatozóides e óvulos)
- **Cromossoma** - estrutura celular alongada composta por ADN e proteínas - são os veículos que transportam o ADN nas células
- **Diploide (2n)** - condição celular em que cada tipo de cromossoma é representado por dois cromossomas homólogos
- **Haploide (n)** - condição celular em que cada tipo de cromossoma é representado por apenas um cromossoma
- **Cromossoma homólogo** - cromossoma do mesmo tamanho e forma que transporta o mesmo tipo de genes
- **Cromatídeo** - um dos dois cromossomas duplicados ligados no centrómero
- **Centrómero** - região do cromossoma onde os microtúbulos se fixam durante a mitose e a meiose
- **Gene** - unidade básica da hereditariedade; codifica uma caraterística específica
- **Locus** - a localização específica de um gene num cromossoma (locus - plural loci)
- **Genoma** - a dotação hereditária total de ADN de uma célula ou organismo
- **Célula somática** - todas as células do corpo, exceto as células reprodutivas
- **Homozigótico** - ter dois alelos idênticos para um determinado gene
- **Heterozigótico** - ter dois alelos diferentes para um determinado gene
- **Genótipo** - composição genética de um organismo
- **Fenótipo** - as características expressas de um organismo
- **Alelo** - formas alternativas do mesmo gene
- **"BÁSICOS" do ADN (Ácido DesoxirriboNucleico)** (O ADN é o material genético da maioria dos sistemas vivos, incluindo eucariotas e procariotas; ADN de cadeia dupla - única forma natural; Os cromossomas dos eucariontes e procariotas são ADN de cadeia dupla;
- **"BASICS" of RNA (RiboNucleic Acid))** (RNA is Single Stranded; RNA is Genetic Material in Some Viruses; RNA comes in 3 basic forms: tRNA (transfer RNA)- adapter in protein synthesis; rRNA (ribosomal RNA)-structural RNA in ribosomes; mRNA (messenger RNA)-contains information for protein synthesis)

Células, estruturas e funções celulares

- Conhecimento da forma como as características são efetivamente transmitidas de uma geração para a seguinte
- Gregor Mendel e outros investigadores pioneiros - os mecanismos de herança genética são, em última análise, responsáveis pela maior parte da variação biológica e da mudança evolutiva
- No entanto, para compreender a genética - compreender a base biológica da vida - começa-se pela **célula.**
- Todas as plantas e animais são compostos por células microscópicas, que são as unidades orgânicas básicas mais pequenas capazes de desempenhar as funções que normalmente definimos como vida. Estas funções celulares essenciais incluem
    - *S* absorção de nutrientes
    - *S* combinar os nutrientes em substâncias para o crescimento e reparação celular
    - *S* reproduzir-se
    - S excreção de resíduos

Acontecimentos importantes na descoberta das células

- 1665 - Robert Hooke observa a cortiça ao microscópio. Chama às câmaras que vê "células"
- 1665 - 75 Anton van Leeuwenhoek, estuda os organismos que vivem na água dos lagos. Ele chama-lhes "Animalcules".
- 1830 - Os cientistas alemães Schleiden e Schawann resumem as descobertas de muitos cientistas e concluem que todos os organismos vivos são constituídos por células. Esta conclusão constitui a base

da Teoria Celular da Biologia

A teoria celular da biologia

- Todos os organismos são compostos por células
- A célula é a unidade estrutural da vida - unidades mais pequenas que as células não estão vivas
- As células surgem por divisão de células pré-existentes - não existe geração espontânea
- As células podem ser cultivadas para produzir mais células
  - S *in vitro* = fora do organismo ou da célula
  - S *in vivo* = no interior do organismo ou da célula

Tipos de células

Dois tipos básicos de células - eucarióticas e procarióticas.

Células eucarióticas

- Material genético separado do citoplasma num núcleo ligado por uma membrana. O envelope nuclear restringe e regula a passagem de materiais entre os dois compartimentos. A síntese de DNA e a transcrição (síntese de RNA) ocorrem dentro do núcleo.
- Seres unicelulares mais complexos, bem como plantas e animais multicelulares (cerca de um trilião de células no corpo humano)
- **Animais - Cromossomas no** núcleo - ADN citoplasmático nas mitocôndrias; **Plantas** - Cromossomas no núcleo - ADN citoplasmático nas mitocôndrias e cloroplastos Células procarióticas
- Bactérias e algumas algas primitivas (unicelulares, com um único cromossoma)
- Muito mais pequenos e com uma estrutura mais simples
- Não existe uma verdadeira separação entre o ADN e o citoplasma

Características partilhadas com as células procarióticas

o Parede celular rígida

S Células vegetais, alguns fungos, alguns protistas

S As células animais não têm parede celular

o Membrana plasmática

o Citoplasma com ribossomas

o Material nuclear

Propriedades das células

As células são complexas e altamente organizadas

- Contêm numerosas estruturas internas
- Alguns estão ligados a membranas (organelos), enquanto outros não

As células contêm um projeto genético e maquinaria para o utilizar

- Os genes são instruções para as células criarem proteínas específicas
- Todas as células utilizam os mesmos tipos de informação
  - S O código genético é universal
  - S As máquinas utilizadas para a síntese são intermutáveis
- No entanto, para que isto funcione corretamente, a transferência de informações deve ser isenta de erros
  - *S* Os erros são designados por mutações

As células surgem da divisão de outras células

- As células filhas herdam os genes das células mães
- Fissão binária - divisão celular em bactérias
- Mitose - o complemento genético de cada célula filha é idêntico ao da célula mãe e ao da outra. Trata-se de uma reprodução assexuada
- Meiose - o complemento genético de cada célula filha é reduzido para metade e cada célula filha é geneticamente única. Este processo é utilizado na reprodução sexual
- As células filhas herdam o citoplasma e os organelos das células-mãe
  - *S* Assexuado - organelos da célula-mãe
  - *S* Sexual - organelos predominantemente de um dos progenitores
  - S Nos eucariotas, os cloroplastos e as mitocôndrias provêm da célula-ovo
  - S Pode ser utilizado para traçar a origem evolutiva do organismo

As células adquirem e utilizam energia

- As células vegetais realizam a fotossíntese
  - S converter a energia luminosa e o CO2 em energia química (ATP e glucose)
- A maioria das células respira
  - S libertam energia que se encontra nos compostos orgânicos
  - S converter compostos orgânicos em CO2 e O2
  - S produzem ATP

As células podem realizar uma variedade de reacções químicas

- Transformar moléculas orgânicas simples em moléculas complexas (anabolismo)
- Quebra de moléculas complexas para libertar energia (catabolismo)
- Metabolismo = todas as reacções realizadas pelas células

As células podem participar em actividades mecânicas

- As células podem mover-se
- Os organelos podem mover-se
- As células podem responder a estímulos
  - S Quimiotaxia - movimento em direção a substâncias químicas
  - S Fototaxia - movimento em direção à luz
  - *f* respostas hormonais
  - Respostas tácteis *S*

As células podem regular as actividades

- As células controlam a síntese de ADN e a divisão celular
- Regulação dos genes - as células produzem proteínas específicas apenas quando necessário
- Ativar e desativar vias metabólicas

As células contêm as seguintes estruturas:

- Membrana plasmática - separa a célula do ambiente externo
- Citoplasma - interior da célula cheio de líquido
- Material nuclear - informação genética armazenada como ADN

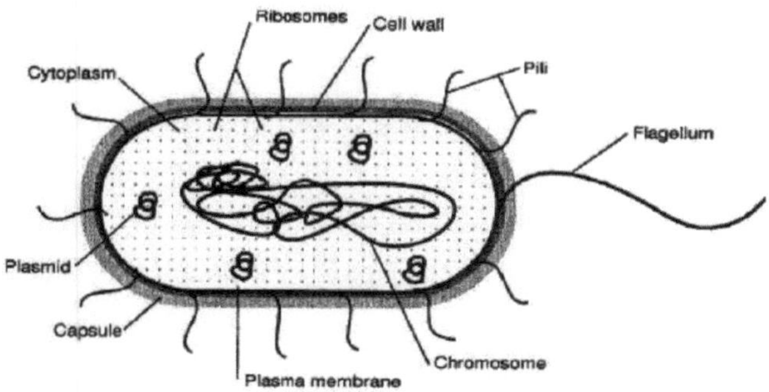

A bacterial cell.

Figura 1 Uma célula bacteriana

Estrutura celular: por exemplo, célula animal

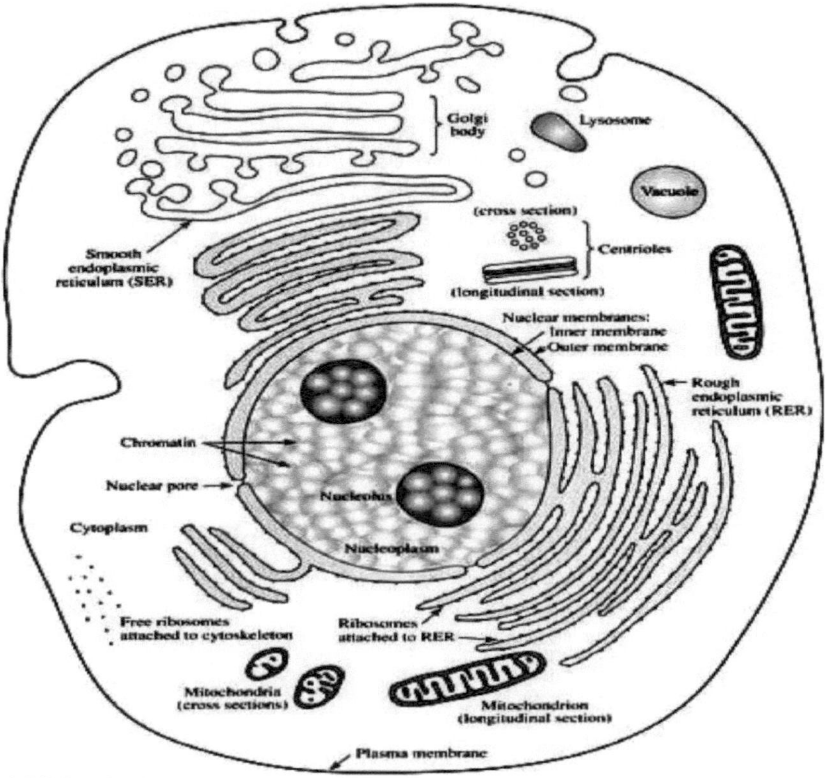

Figura 2 Célula animal

- **Lisossoma** - encontrado apenas em células animais; contém enzimas para utilização na decomposição hidrolítica de macromoléculas
- Nucleoplasma - a substância fluida na qual os solutos do núcleo estão dissolvidos
- **Amiloplasto** - um organelo em algumas células vegetais que armazena amido. Os amiloplastos encontram-se em plantas com amido, como tubérculos e frutos.
- **Membrana celular** - a fina camada de proteína e gordura que envolve a célula, mas que se encontra no interior da parede celular. A membrana celular é semipermeável, permitindo a passagem de algumas substâncias para o interior da célula e bloqueando outras.
- **Parede celular** - uma membrana espessa e rígida que envolve uma célula vegetal. Esta camada de fibra de celulose dá à célula a maior parte do seu suporte e estrutura. A parede celular também se liga a outras paredes celulares para formar a estrutura da planta.
- **Centrossoma** - (também chamado de "centro organizador de microtúbulos") um pequeno corpo localizado perto do núcleo - tem um centro denso e túbulos radiantes. O centrossoma é o local onde os microtúbulos são formados. Durante a divisão celular (mitose), o centrossoma divide-se e as duas partes deslocam-se para lados opostos da célula em divisão.
- **Cloroplasto** - um organelo alongado ou em forma de disco que contém clorofila. A fotossíntese (em que a energia da luz solar é convertida em energia química - alimento) tem lugar nos cloroplastos.
- **Citoplasma** - o material gelatinoso fora do núcleo da célula no qual os organelos estão localizados.
- **Corpo de Golgi** - (também chamado de aparelho de Golgi ou complexo de Golgi) um organelo achatado,

em camadas, semelhante a um saco, que se parece com uma pilha de panquecas e está localizado perto do núcleo. O corpo de Golgi empacota proteínas e hidratos de carbono em vesículas ligadas à membrana para "exportação" da célula.

- **Mitocôndrias** - Organelos esféricos ou em forma de bastonete com uma membrana dupla. A membrana interna é dobrada várias vezes, formando uma série de projecções (chamadas cristas). A mitocôndria converte a energia armazenada na glicose em ATP (adenosina trifosfato) para a célula; contém ADN que codifica as proteínas mitocondriais, os ribossomas, etc.
- **Membrana nuclear** - a membrana que envolve o núcleo.
- **Nucléolo** - um organelo dentro do núcleo - é onde o ARN ribossómico é produzido (envolvido na síntese e montagem dos ribossomas)
- **Núcleo** - corpo esférico que contém muitos organelos, incluindo o nucléolo. O núcleo controla muitas das funções da célula (através do controlo da síntese proteica) e contém ADN (nos cromossomas). O núcleo é rodeado pela membrana nuclear
- **Ribossomas** - pequenos organelos compostos por grânulos citoplasmáticos ricos em ARN; as "fábricas" da célula - envolvidos na síntese de proteínas; podem estar livres ou ligados ao RE
- **Retículo endoplasmático rugoso** - (RE rugoso) um vasto sistema de sacos interconectados, membranosos, dobrados e convolutos que estão localizados no citoplasma da célula (o RE é contínuo com a membrana nuclear externa). O RE rugoso está coberto de ribossomas que lhe conferem um aspeto rugoso. O RE rugoso transporta materiais através da célula e produz proteínas em sacos chamados cisterna (que são enviados para o corpo de Golgi ou inseridos na membrana celular).
- **Retículo endoplasmático liso** - (RE liso) um vasto sistema de tubos interconectados, membranosos, dobrados e convolutos que estão localizados no citoplasma da célula (o RE é contínuo com a membrana nuclear externa). O espaço dentro do RE é chamado de lúmen do RE. O RE liso transporta materiais através da célula. Contém enzimas e produz e digere lípidos (gorduras) e proteínas de membrana; o RE liso separa-se do RE rugoso, transportando as proteínas e os lípidos recém-criados para o corpo de Golgi e para as membranas
- **Vacúolo** - um espaço grande, ligado à membrana, dentro de uma célula vegetal que é preenchido com fluido. A maioria das células vegetais tem um único vacúolo que ocupa grande parte da célula. Ajuda a manter a forma da célula; grande espaço de armazenamento no centro da célula vegetal com muitas funções (Digestivo - quebra de macromoléculas; Armazenamento - iões, açúcares, aminoácidos, resíduos tóxicos; Manter a rigidez da célula - elevada concentração iónica gera elevado potencial hídrico)

Divisão celular

Funções da divisão celular na reprodução, crescimento e reparação. A divisão celular envolve a distribuição de material genético idêntico, o DNA, para as células de duas filhas. O que é mais notável é a fidelidade com que o ADN é transmitido, sem diluição ou erro, de uma geração para a seguinte.

Conceitos fundamentais:

Todos os organismos são constituídos por células e surgem de células pré-existentes

- o A mitose é o processo pelo qual são geradas novas células.
- o A meiose é o processo pelo qual são gerados os gâmetas para a reprodução.
- o O ciclo celular representa todas as fases da vida de uma célula
- o A replicação do ADN (fase S) deve preceder a mitose, para que todas as células filhas recebam o mesmo complemento de cromossomas que a célula-mãe.
- o As fases de hiato separam a mitose da fase S. É neste momento que os sinais moleculares medeiam a mudança da atividade celular.
- o A mitose envolve a separação de cromossomas copiados em células separadas

    S A divisão celular desregulada pode levar ao cancro

Os pontos de controlo do ciclo celular asseguram normalmente que a replicação do ADN e a mitose ocorrem apenas quando as condições são favoráveis e o processo está a funcionar corretamente.

- o As mutações nos genes que codificam as proteínas do ciclo celular podem levar a um crescimento desregulado, resultando na formação de tumores e, por fim, na invasão de células cancerosas noutros órgãos.

O ciclo celular

G1 - primeiro intervalo

S - Síntese de ADN (replicação)

G2 - segundo intervalo

M - Mitose

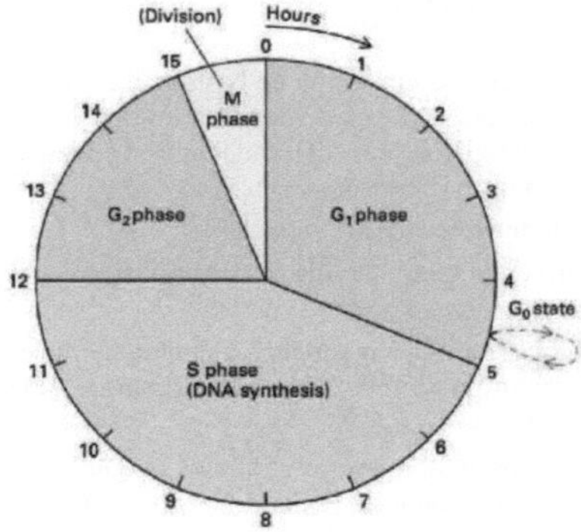

Figura 3 o ciclo celular Mitose

- **Mitose** - eventos nucleares/químicos que resultam em dois núcleos filhos que têm material genético entre si e com a célula-mãe
- **Citocinese** - divisão do citoplasma. Geralmente ocorre com a mitose, mas em alguns organismos não é assim

As fases do ciclo celular podem ser divididas em cinco etapas:

o Interfase, Prófase, Metáfase, Anáfase, Telófase

Interfase

- é a parte "em repouso" ou não mitótica do ciclo celular.
- É composto pelas fases Gl, S e G2 do ciclo celular.
- O ADN é replicado durante a fase S da interfase

Tabela 1 Fases da divisão celular por mitose

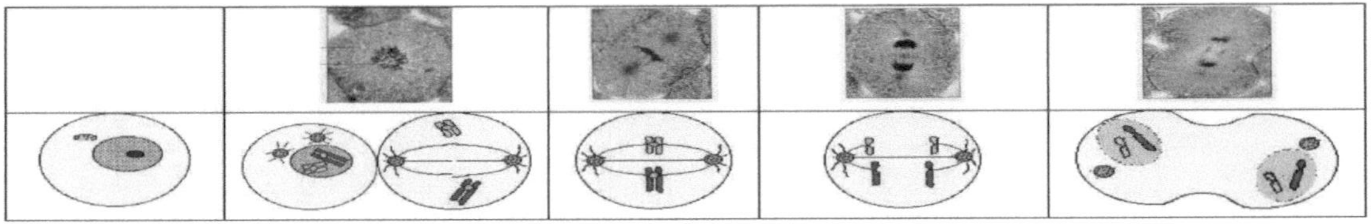

Interfase: -Duplicação do ADN,	**Prófase -** a primeira fase da mitose.	**Metáfase** -Os Centríolos	**Anáfase** -O fuso começou a encurtar.	**Telófase** -Os cromossomas
organelos, proteínas. O nucléolo está presente no núcleo. -	-Os cromossomas condensam-se e tornar-se visível -Os centríolos formam-se e movem-se	completam a sua migração para os pólos	Isto exerce uma força sobre as cromátides irmãs que as separa (depois	descondensar -O invólucro nuclear forma-se
Cromossomas não visíveis	em direção a extremidades opostas da célula ("os pólos") -A membrana nuclear dissolve-se O fuso mitótico forma-se As fibras do fuso de cada centríolo ligam-se a cada cromatina irmã	-Os cromossomas alinham-se no meio da célula ("o equador	os cromossomas movem-se em direção aos centrossomas nos pólos opostos da célula) -As fibras do fuso continuam a encurtar, puxando os cromatídeos para os pólos opostos. Isto assegura que cada célula filha recebe conjuntos idênticos de cromossomas	-A citocinese fica concluída, dando origem a duas células filhas

Meiose

A meiose é um tipo especial de divisão celular que ocorre em organismos que se reproduzem sexualmente o A meiose reduz o número de cromossomas para metade, permitindo a ocorrência de recombinação sexual.

f A meiose de células diplóides produz células filhas haplóides, que podem funcionar como gâmetas.

f Os gâmetas sofrem fertilização, restaurando o número diploide de cromossomas no zigoto

o A meiose e a fertilização introduzem a variação genética de três formas:

- Crossing over entre cromossomas homólogos na prófase I.
- Seleção independente de pares homólogos na metáfase I:
  - f Cada par homólogo pode orientar-se de duas maneiras no plano de divisão celular.
  - f O número total de resultados possíveis = 2n (n = número de cromossomas haplóides).
- Fecundação ao acaso entre qualquer gâmeta feminino e qualquer outro gâmeta masculino.

O papel da reprodução sexual na evolução

o A reprodução sexual numa população deve diminuir em frequência em relação à reprodução assexuada.

- Reprodução assexuada - Não são necessários machos, todos os indivíduos podem produzir descendência.
- Reprodução sexuada - apenas as fêmeas podem produzir descendentes, pelo que são produzidas menos crias.

o A reprodução sexual pode existir porque fornece variabilidade genética que reduz a suscetibilidade de uma população ao ataque de agentes patogénicos.

As fases da meiose podem ser divididas em duas fases principais, Meiose I e Meiose II

A meiose I pode ser dividida em quatro subestágios: Prófase I, Metáfase I, Anáfase I e Telófase I

A meiose II pode ser dividida em quatro subestágios: Prófase II, Metáfase II, Anáfase II e Telófase II

Tabela 2 Fases da Meiose I

 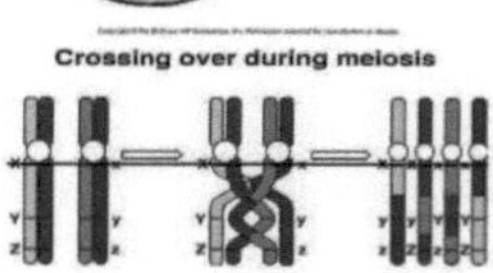	**Prófase I** - a maioria dos processos significativos da Meiose ocorre durante a Prófase I • Os cromossomas condensam-se e tornam-se visíveis • Os centríolos formam-se e deslocam-se em direção aos pólos • A membrana nuclear começa a dissolver-se • Os homólogos emparelham-se, formando uma tétrade *S* Cada tétrade é composta por quatro cromatídeos - os dois homólogos, cada um com a sua cromátide irmã • Os cromossomas homólogos trocam o material genético num processo conhecido como **crossing over** (abreviado como XO) *S* O cruzamento serve para **aumentar a diversidade genética** através da criação de quatro cromatídeos únicos
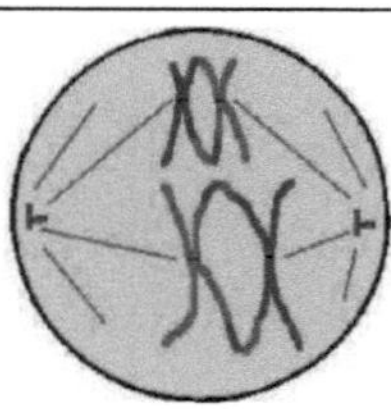	**Metáfase I** • Os microtúbulos crescem a partir dos centríolos e ligam-se aos centrómeros • As tétrades alinham-se ao longo do equador da célula

<table>
<tr><td>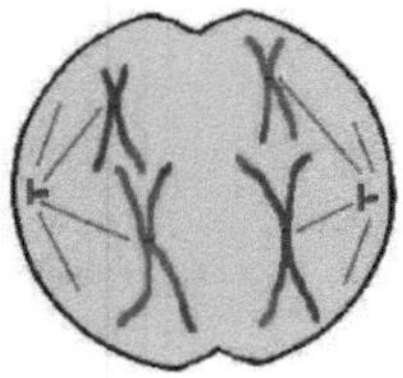</td><td>Anáfase I
• Os centrómeros partem-se e os cromossomas homólogos separam-se (note-se que as cromátides irmãs ainda estão ligadas)
• Início da citocinese</td></tr>
<tr><td>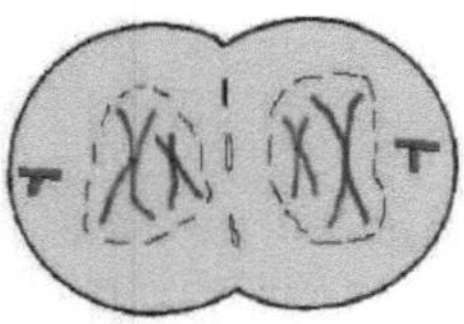</td><td>Telófase I
- Os cromossomas podem descondensar-se (depende da espécie)
- A citocinese fica concluída, criando dois células filhas haplóides</td></tr>
</table>

Quadro 3 Fases da meiose II

<table>
<tr><td>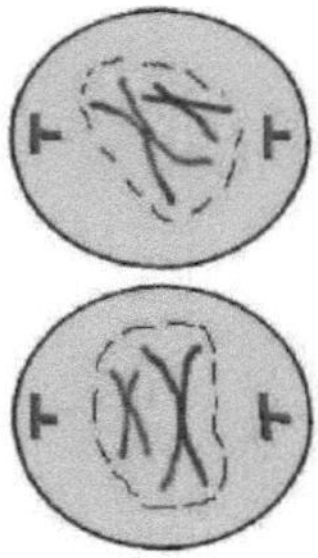</td><td>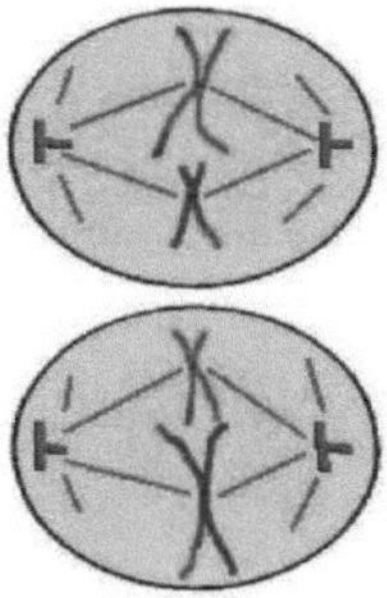</td></tr>
<tr><td>Prófase II
• Os centríolos formam-se e movem-se em direção aos pólos
• A membrana nuclear dissolve-se</td><td>Metáfase II
■ Os microtúbulos crescem a partir dos centríolos e ligam-se aos centrómeros
■ As cromátides irmãs alinham-se ao longo do equador da célula</td></tr>
</table>

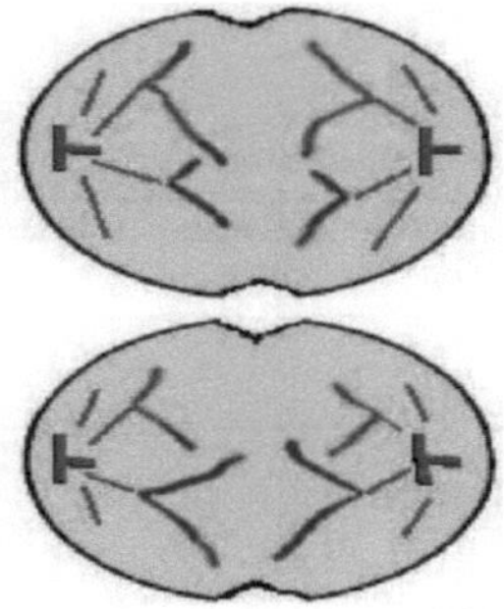	**Anáfase II** • Os centrómeros partem-se e **as cromátides irmãs** separam-se • Início da citocinese
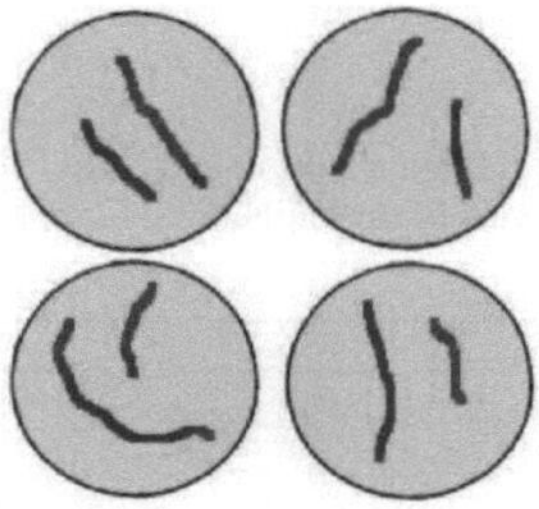	**Telófase II** • Os cromossomas podem descondensar (depende da espécie) • A citocinese fica concluída, criando **quatro células filhas haplóides**

Quadro 4 Uma comparação entre mitose e meiose

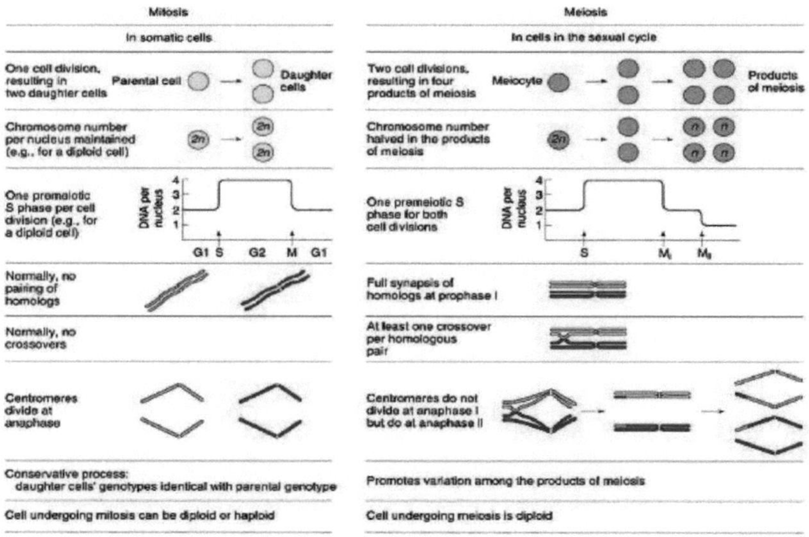

CAPÍTULO 3

GENÉTICA MENDELIANA

" Mendel (n.1822, falecido em 1884);

- Iniciou experiências de cultivo de ervilhas (*Pisum sativum*) em 1854
- Concluiu todas as experiências em 1863 e as análises em 1865
- As experiências de Mendel (1865) incidiram sobre a existência de elementos biológicos ou factores hereditários
- Os caracteres são determinados por unidades discretas que são herdadas intactas ao longo das gerações
- A herança foi designada por particulada e substituiu o conceito de herança mista.
- **Genes (secção da molécula de ADN),** que contêm as instruções para a expressão de traços ou caracteres específicos.
- Os genes e o ambiente interagem para produzir um **genótipo** individual, que é o **fenótipo**
- Redescoberta (1900) da descoberta de Mendel por (De Vries (holandês), Correns (austríaco) e Von Tschermark (alemão) "redescobriram" os documentos de Mendel; ignorados durante 35 anos

As experiências de Mendel

- Mendel examinou 7 características nas ervilhas:_**Forma** da semente (angular ou redonda); **cor da semente** (verde ou amarela); **revestimento da semente** (branco ou cinzento); **forma da vagem** (lisa ou apertada); **cor da vagem** (verde ou amarela); **localização da flor** (terminal ou axial); **altura** (alta ou anã)
- Cruzamento de diferentes variedades de características contrastantes e acompanhamento da sua herança

Quadro 5 Exemplo de experiências de Mendel

Cruzamento parental	Fenótipo Fj	F_2 Distribuição do fenótipo	F_2 Rácio
Semente redonda x Semente enrugada	Redondo	5474 Redondo:1850 Enrugado	2.96:1
Sementes amarelas x verdes	Amarelo	6022 Amarelo:2001 Verde	3.01:1
Flores vermelhas x flores brancas	Vermelho	705 Vermelho:224 Branco	3.15:1
Plantas altas x plantas anãs	Alto	787 Alto:227 Anão	2.84:1

Geração parental **(P)**, **Fl,** primeira geração filial - cruzamento entre dois indivíduos
F2, segunda geração filial - por autofecundação ou cruzamento dos indivíduos F1

- Porque é que as sementes enrugadas, verdes ou a flor branca não se expressaram na F1?
- Mendel não sabia, mas usava os termos: **dominante** para o fenótipo que aparecia na F1 e **recessivo** para o que desaparecia, sem explicar o mecanismo
- Em todos os casos, o fenótipo recessivo desapareceu no **Fl** e reapareceu no **F2**
- Mesmo quando as flores da F1 eram vermelhas, as plantas tinham o potencial de produzir descendência com flores brancas

- Mendel deduziu que as plantas Fi receberam dos seus pais a capacidade de produzir flores vermelhas e brancas
- Capacidade de retenção e transmissão para as gerações futuras, em vez de serem misturadas

Interpretações de Mendel!!!

- Os indivíduos com fenótipo dominante **F2** apresentam duas subclasses ou genótipos geneticamente distintos

Exemplo: cor da semente

- Um é portador de duas cópias do fator genético: fator de semente amarelo e verde.
- Aos factores genéticos chamamos agora genes (unidade de hereditariedade) (formas alternativas - alelos). Por exemplo: O alelo Y para sementes amarelas (indicar dominante) sobre o alelo ***y*** para sementes de cor verde.
- Alelos localizados num sítio específico do cromossoma - locus (plural loci)
- Mendel seleccionou plantas de semente amarela da F2 e voltou a semeá-las (geração F3), observando que: i/3 das plantas de semente amarela da F2 produziram apenas plantas de semente amarela na descendência F3 2/3 das plantas de semente amarela da F2 produziram plantas de semente amarela e verde na F3, na proporção de 3 plantas de semente amarela: i plantas de semente verde

Inferido:

- O primeiro grupo de plantas era homozigótico com duas cópias idênticas do alelo dominante *YY*.
- No segundo grupo, as plantas eram heterozigóticas**,** Yy
- Concluído*:* a forma alternativa do gene, ou alelos, num locus segregar-se-á ou separar-se-á durante a formação do gâmeta
- Probabilidade igual de inclusão de cada alelo num gâmeta

Postulados de Mendel

Utilizando o padrão consistente de resultados nos cruzamentos mono-híbridos, Mendel derivou os seguintes três postulados ou princípios de hereditariedade.

1. **Factores unitários em pares**

   Os caracteres genéticos são controlados por factores unitários que existem aos pares nos organismos individuais.

   No cruzamento mono-híbrido envolvendo caules altos e anões, existe um **fator de unidade** específico para cada caraterística. Como os factores ocorrem em pares, são possíveis três combinações: dois factores para a altura, dois factores para a nanicidade ou um fator para cada caraterística. Cada indivíduo contém uma destas três combinações, que determina a altura do caule

2. **Dominância/necessidade**

   Quando dois factores unitários diferentes, responsáveis por um único carácter, estão presentes num único indivíduo, um fator unitário é dominante em relação ao outro, que se diz recessivo.

   Em cada cruzamento mono-híbrido, a caraterística expressa na geração Fl é controlada pelo fator unitário **dominante**. A caraterística não expressa é controlada pelo fator unitário **recessivo**. Note-se que esta relação dominância/recessividade só se verifica quando os factores unitários diferentes estão presentes aos pares. Os termos dominante e recessivo são também utilizados para designar características. Neste caso, diz-se que os caules altos são dominantes em relação aos caules anões recessivos

3. **Segregação**

   Durante a formação dos gâmetas, os factores unitários emparelhados separam-se ou segregam-se aleatoriamente, de modo a que cada gâmeta receba um ou outro com igual probabilidade.

   Se um indivíduo contém um par de fatores unitários semelhantes (por exemplo, ambos específicos para alto), então todos os gametas recebem um fator unitário alto. Se um indivíduo contém fatores unitários diferentes (por exemplo, um para alto e outro para anão), então cada gameta tem 50% de probabilidade de receber o fator unitário alto ou anão.

   Estes postulados fornecem uma explicação adequada para os resultados dos cruzamentos mono-híbridos. Vamos usar o cruzamento alto/anão para ilustrar. Mendel raciocinou que as plantas altas P 1 contêm factores unitários emparelhados idênticos, tal como as plantas anãs Pl. Os gâmetas das plantas altas recebem todos um fator unitário alto como resultado da **segregação**. Da mesma forma, os gâmetas das plantas anãs recebem todos um fator unitário anão. Após a fertilização, todas as plantas F_1 recebem um fator unitário de cada progenitor: um fator alto de um e um fator anão do outro, restabelecendo a relação de emparelhamento - mas como o alto é dominante em relação ao anão, todas as plantas F_1 são altas.

Quando as plantas F_1 formam gâmetas, o postulado da segregação exige que cada gâmeta receba aleatoriamente o fator unitário alto ou anão. Após eventos de fertilização aleatórios durante a autofecundação F_1, quatro combinações F2 resultam em igual frequência:

1. alto/alto
2. alto/anão
3. anão/alto
4. anão/anão

As combinações (l) e (4) resultam em plantas altas e anãs, respetivamente. De acordo com o postulado da dominância/recessividade, as combinações (2) e (3) produzem plantas altas.
Por conseguinte, prevê-se que o F_2 seja constituído por 3/4 de plantas altas e l/4 de plantas anãs, ou seja, um rácio de 3:l. Isto é aproximadamente o que Mendel observou no cruzamento entre plantas altas e anãs. Um padrão semelhante foi observado em cada um dos outros cruzamentos mono-híbridos.

o Dois alelos de um par de genes (Y e y) segregam-se nos gâmetas como alelos (Y) e (y)

P : Semente amarela (YY) x semente verde (yy)

Ji: Yy **F_2** : YyxYy

Quadro 6 Representação através do quadrado de Punnett

Gametas	l/2Y	l/2y
l/2Y	1/4YY	1/4Yy
l/2y	1/4yY	1/4yy

Fi segrega: Rácio genotípico 1/4 YY: 1/2Yy:1/4yy

Relação fenotípica 3/4 amarelo: 1/4 semente verde

o **Cruzamentos mono-híbridos** - envolvendo uma única caraterística segregante de cada vez

O quarto postulado de Mendel:

Sortido independente

Podemos compreender mais facilmente os resultados de um cruzamento dihíbrido se o considerarmos teoricamente como consistindo em dois cruzamentos monohíbridos conduzidos separadamente. Pense nos dois conjuntos de características como herdados independentemente um do outro; isto é, a probabilidade de qualquer planta ter sementes amarelas ou verdes não é de todo influenciada pela probabilidade de esta planta ter sementes redondas ou enrugadas. Assim, porque o amarelo é dominante ao verde, todas as plantas F_1 no primeiro cruzamento teórico teriam sementes amarelas. No segundo cruzamento teórico, todas as plantas F_1 teriam sementes redondas porque o redondo é dominante em relação ao enrugado. Quando Mendel examinou as plantas F_1 do cruzamento di-híbrido, todas eram amarelas e redondas, como acabámos de prever.
Os resultados previstos para F2 do primeiro cruzamento são 3/4 amarelo e 1/4 verde. Da mesma forma, o segundo cruzamento produziria 3/4 redondo e 1/4 enrugado. No cruzamento di-híbrido, 12/16 plantas F_2 são amarelas enquanto 4/16 são verdes, exibindo a proporção esperada de 3:1 (3/4:1/4). Da mesma forma, 12/16F_2 plantas têm sementes redondas enquanto 4/16 têm sementes enrugadas, revelando novamente a proporção 3:1. Estes números demonstram que os dois pares de características contrastantes são herdados independentemente, pelo que podemos prever as frequências de todos os fenótipos possíveis de F_2 aplicando a **lei do produto das** probabilidades: quando dois eventos independentes ocorrem simultaneamente, a probabilidade combinada dos dois resultados é igual ao produto das suas probabilidades individuais de ocorrência.
A segregação de alelos num locus é independente da segregação de alelos num segundo locus (ausência de ligação genética)
Exemplo:
Cruzamento de um indivíduo de semente amarela e redonda (*YYRR*) com um indivíduo de semente verde e enrugada *(yyrr)*:

P: *YYRR* x *yyrr*

Fl: *YyRr todo* amarelo e com sementes redondas

Frequências e rácios fenotípicos **F2** (entre parêntesis):

- 315 amarelo redondo **(9);** 108 verde redondo **(3);** 101 amarelo enrugado **(3**); 32 verde enrugado **(1)**
- Adapta-se à relação **9:3:3:1**

Como é que Mendel interpretou este resultado?

- Primeiro, verificou-se se a proporção de cada gene no cruzamento di-híbrido era a mesma que no cruzamento mono-híbrido.

Olhando primeiro para a forma da semente (sem ter em conta a cor): ■ 315 + 108 = 423 redondas ■ 101 +32 = 133 enrugadas (relação 3 redondas: 1 enrugada)

Apenas a cor das sementes:

- 315+ 101 =416 amarelo
- 108 + 32 = 140 verde

(Mais uma vez se enquadra no rácio 3:1)

Conclusão: os dois sistemas hereditários eram independentes (o rácio 9:3:3:1 não é mais do que uma combinação aleatória de dois rácios 3:1 independentes)

- O duplo heterozigoto, como o *YyRr,* é chamado de indivíduo di-híbrido (os cruzamentos di-híbridos envolvem duas características segregantes de cada vez)

Introdução à probabilidade

- Os acontecimentos são resultados possíveis de alguns processos aleatórios
- A probabilidade é o número de vezes que se espera que um acontecimento ocorra

Por exemplo, 1:

- A probabilidade (Pr) de sair um 4 num dado numa única tentativa é Pr(4)= 1/6;

  Cada lado tem a mesma probabilidade de aparecer

Exemplo 2: Ao lançar uma moeda ao ar uma vez, o resultado possível é cara ou coroa.

Pr(cara) = 0,75 significa que a probabilidade de a moeda dar cara é de 75% e, por conseguinte, Pr(coroa) = 1 - Pr(cara) = 0,25. Podemos definir a probabilidade de um determinado acontecimento, digamos A, como a fração de resultados em que o acontecimento A ocorre.

Regras úteis de probabilidade

- As probabilidades situam-se entre zero (nunca ocorrem) e um (ocorrem sempre) o Pr(A) situa-se entre zero e um para todos os A.
- A soma das probabilidades é igual a um
  - o A soma das probabilidades de todos os acontecimentos mutuamente exclusivos é um.

    Por exemplo, se existirem n resultados possíveis, Pr(l) + Pr(2) + ... + Pr(n) = 1; logo, Pr(l) = 1 - (Pr(2) + ... + Pr(n))

Duas regras de probabilidade

1) A regra do produto (regra AND):

- A probabilidade de dois acontecimentos independentes ocorrerem simultaneamente é o produto das suas respectivas probabilidades individuais
- o conhecimento de um acontecimento não nos diz nada sobre o outro acontecimento, então a probabilidade de AMBOS A e B ocorrerem é Pr (A e B) = Pr(A) Pr(B)

Exemplo: Lançar um dado duas vezes são dois acontecimentos independentes p(dois 4s, ambos 4) = 1/6 x 1/6 = 1/36

2) A regra da soma (regra OR):

- A probabilidade de ocorrência de qualquer um dos dois acontecimentos mutuamente exclusivos (não sobrepostos) é a soma das suas probabilidades individuais.
- Pr(A ou B) = Pr(A) + Pr(B)
- Quando dois dados são lançados juntos: p (de dois 4 ou de dois 5) =1/36 + 1/36 =1/18

Exemplo 1

Suponhamos que estamos a lançar um dado justo e a lançar uma moeda justa

- Qual é a probabilidade de sair um número par no dado?

  Um único lançamento de um dado justo tem os resultados possíveis 1, 2, 3, 4, 5, 6, cada um com a mesma probabilidade, 1/6. Lançar um número par significa lançar 2 OU 4 OU 6. Estes três acontecimentos (2, 4, 6) não se sobrepõem e, portanto, são exclusivos, pelo que podemos utilizar a regra OU = adição, obtendo-se

  - Pr(Rolo par) = Pr(2) + Pr(4) + Pr(6) = 3/6 = 1/2

- Qual é a probabilidade de tirar um 5 e obter uma cara no lançamento de uma moeda ao ar?
  - **o** O lançamento do dado e o lançamento da moeda são acontecimentos independentes, pois o resultado de um não influencia o resultado do outro. Daí que,

    Pr(Cabeça E rolo 5) = Pr(Cabeça) * Pr(5) = 1/2* 1/6 = 1/12

Aplicação das regras de probabilidade às segregações mendelianas

- A composição de um F2 de um cruzamento di-híbrido pode ser prevista se o mecanismo para colocar o alelo *R ou r* num gâmeta for independente para colocar o alelo *Y* ou *y* no gâmeta

- A frequência dos tipos de gâmetas pode ser calculada através da determinação das suas probabilidades
- Das leis mendelianas: o indivíduo heterozigótico produz gâmetas na proporção:

Yy=> 1/2 *Y*; 1/2y

Rr =>1/2R; 1/2r

Assim, a frequência do gâmeta *YR* (tendo ambos *Y* e *R*, regra da multiplicação) será 1/2 x l/2=l/4 (0,25)

Analisar o último postulado de Mendel envolvendo a segregação di-híbrida para cor e forma da semente:

P : YYRR x yyrr

Fl : YyRr

F2 : Razões de segregação nos gâmetas e na descendência

Quadro 7 Razões de segregação nos gâmetas e na descendência

gâmetas	1/4YR	1/4Yr	1/4yR	1/4 ano
1/4YR	1/16YYRR	1/16YYRr	1/16YyRR	1/16YyRr
1/4Yr	1/16YYrR	1/16YYrr	1/16YyrR	1/16Yyrr
1/4yR	1/16yYRR	1/16yYRr	1/16yyRR	1/16yyRr
1/4 ano	1/16yYrR	1/16yYrr	1/16yrR	1/16yyrr

O rácio fenotípico esperado será:

- 9/16 amarelo, redondo:
- 3/16 amarelo, enrugado:
- 3/16 verde redondo :
- 1/16 verde, enrugado,

Que é a proporção 9:3:3:1 que Mendel observou na sua experiência real.

- Por vezes na Fl e sempre na F2 são produzidas novas combinações de características não presentes nos progenitores, o que se designa por recombinação

Cruz de Ensaio

- Mendel confirmou as suas previsões com um cruzamento de teste
- Cruzamento do indivíduo de genótipo desconhecido com um testador de genótipo homozigótico recessivo

> YyRr para o duplo recessivo yyrr

> Foco na segregação do progenitor de genótipo desconhecido

> O progenitor duplo recessivo formará apenas um tipo de gâmeta, yr.

> Os gâmetas do progenitor di-híbrido: YR, Yr, yR e yr estarão em frequências iguais, como se espera da regra do produto de probabilidade

Quadro 8 Produção de gâmetas utilizando o quadrado de punhos

Gametas	1/4YR	1/4Yr	1/4yR	1/4 ano
letra	1/4YyRr	1/4Yyrr	1/4yyRr	1/4yyrr

> Permite-nos determinar a produção gamética do progenitor di-híbrido > razão genotípica da descendência 1:1:1:1

Observação de Mendel sobre a variedade independente:

- Como são calculados estes rácios?
  - o Pr(R-) = Pr(RR) + Pr(Rr) = 1 -Pr(rr) = 3/4
  - o O mesmo para Pr(Y-) = 3/4
- Pr(R-,Y-) = Pr(R-)*Pr(Y-)
  - o =3/4*3/4 = 9/16
  - o Assume que R e Y são independentes, ou seja, sortido independente
  - o Pr(R-,yyy) = 3/4 * 1/4 = 3/16
  - o Pr(rr, Y-) = 1/4 * 3/4 = 3/16
  - o Pr(rr, yyy) = 1/4 * 1/4 = 1/16

Os sete caracteres que ele usou para mostrar a variedade independente estavam todos em cromossomas diferentes. Por isso não estão ligados.

Análise genealógica

- Ação genética (dominante/recessiva; codominante) - cruzamentos controlados

- Não há oportunidade de efetuar análises cruzadas controladas numa população existente
- É sempre o caso quando se estuda a genética humana - análise genealógica
- estudar a hereditariedade dos genes nos seres humanos
- Análise genealógica - árvore genealógica
    - *f* quando os dados relativos à descendência de várias gerações são limitados
    - *f* estudo de espécies com um tempo de geração longo

Uma vez recolhidos os dados fenotípicos de várias gerações e desenhado o pedigree, uma análise cuidadosa permitir-lhe-á determinar se a caraterística é dominante ou recessiva

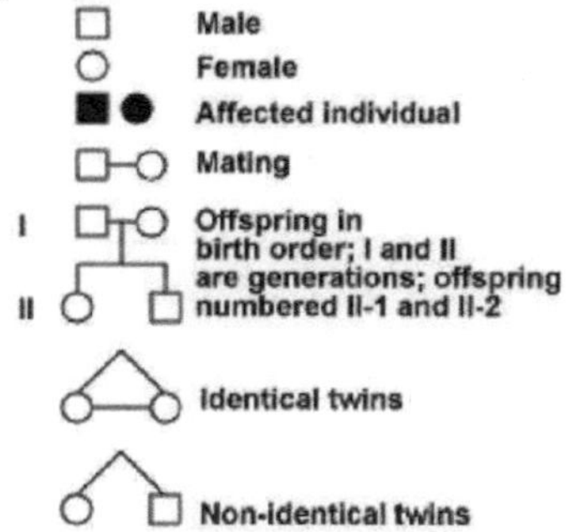

Figura 4 Série de símbolos de genealogia

Regras a seguir:

1) **Características que apresentam uma ação genética dominante:**
    - Os indivíduos afectados têm pelo menos um progenitor afetado
    - O fenótipo dois pais não afectados têm apenas descendência não afetada
    - Geralmente aparece a cada geração
    - Pedigree de uma caraterística controlada por uma ação genética dominante

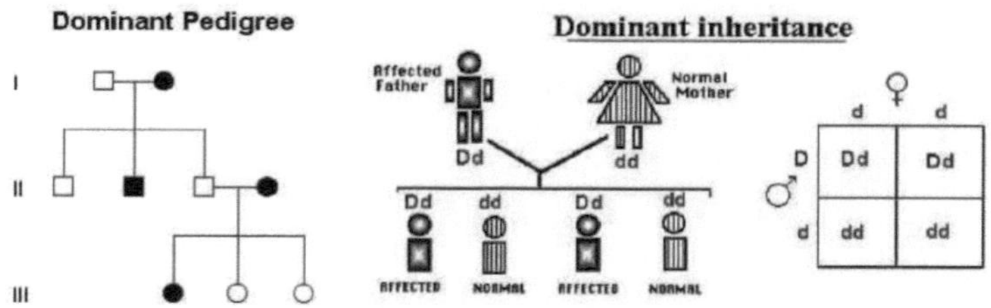

Figura 5 características que apresentam uma ação genética dominante

- **Herança dominante** Um progenitor tem um único gene dominante defeituoso (**D**), que se sobrepõe ao seu homólogo normal (**d**), afectando esse progenitor. Quando o progenitor afetado acasala com um progenitor não afetado e não portador (**dd**), a descendência é afetada ou não afetada, mas não é portadora

2) **Características que apresentam uma ação genética recessiva:**

- Os pais não afectados podem ter descendentes afectados
- A descendência afetada é tanto masculina como feminina

O seguinte é o pedigree de uma caraterística controlada por ação de um gene recessivo

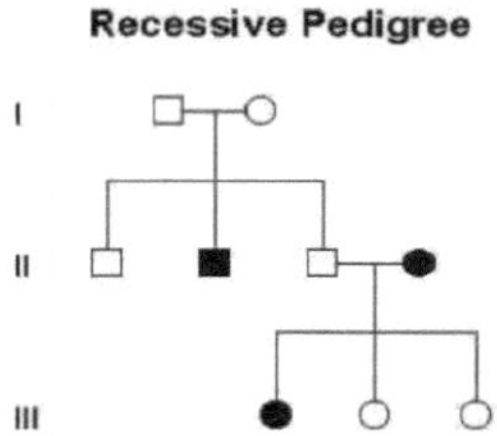

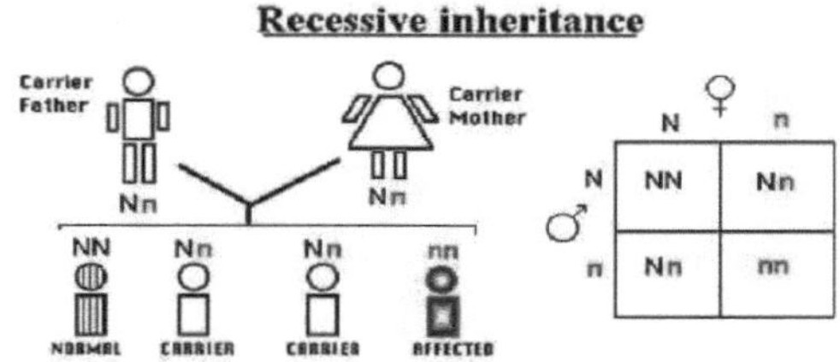

Figura 6 características que apresentam uma ação genética dominante

Ambos os progenitores são portadores de um gene normal (**N**) e de um gene recessivo defeituoso (**n**). Os pais, embora portadores, não são afectados pelo gene defeituoso

Extensões e excepções mendelianas

- As leis de Mendel 1st e 2nd aplicam-se a todo o espetro de organismos eucariotas
- Base para a previsão do resultado de cruzamentos simples
- No entanto, o mundo real dos genes e dos cromossomas é mais complexo do que as leis de Mendel

Quadro 9 Rácios modificados

Pais	AaBb x AaBb	
Gametas	AB,Ab,aB,ab	AB,Ab,aB,ab

<table>
<tr><td colspan="3"></td><td>Rácio di-híbrido</td><td colspan="5">Rácios modificados</td></tr>
<tr><td>1/16</td><td>AABB</td><td rowspan="4">1+2+2+4=9/16</td><td rowspan="4">9/16
A_B_</td><td rowspan="4">9/16</td><td rowspan="6">12/16</td><td rowspan="4">9/16</td><td rowspan="4">9/16</td><td rowspan="8">15/16</td></tr>
<tr><td>2/16</td><td>AABb</td></tr>
<tr><td>2/16</td><td>AaBB</td></tr>
<tr><td>4/16</td><td>AaBb</td></tr>
<tr><td>1/16</td><td>AAbb</td><td rowspan="2">1+2=3/16</td><td rowspan="2">3/16
A_bb</td><td rowspan="2">3/16</td><td rowspan="5">7/16</td><td rowspan="4">6/16</td></tr>
<tr><td>2/16</td><td>Aabb</td></tr>
<tr><td>1/16</td><td>aaBB</td><td rowspan="2">1+2=3/16</td><td rowspan="2">3/16
aaB_</td><td rowspan="3">4/16</td><td rowspan="2">3/16</td></tr>
<tr><td>2/16</td><td>aaBb</td></tr>
<tr><td>1/16</td><td>aabb</td><td>1/16</td><td>1/16
aabb</td><td>1/16</td><td>1/16</td><td>1/16</td></tr>
<tr><td></td><td></td><td></td><td>Clássico rácio</td><td>Epistasia recessiva</td><td>Dominante Epistasia</td><td>Ação de genes complementares (genes recessivos duplicados)</td><td>Duplicação de um gene com efeito cumulativo</td><td>Ação de Duplicação de Genes (Duplicação de genes dominantes)</td></tr>
</table>

Extensões da análise mendeliana

Nível de domínio

Dominância total

- YY = Yy *na* cor da semente mostrou dominância total; o fenótipo homozigótico foi idêntico ao heterozigótico

Sobredominância

- Aa > AA, aa

Domínio incompleto

- Quando **Yy** tem um fenótipo intermediário, temos dominância incompleta, por exemplo: cruzamento de snapdragons de pétalas vermelhas x brancas, resulta em um Fl de pétalas rosas, (Aa entre AA, aa)

Codominância

- Quando ambos os alelos se expressam igualmente, temos o que se chama codominância, por exemplo, grupo sanguíneo
    - Três alelos A, B e O que determinam o tipo de sangue humano
    - Os genótipos possíveis são AA, BB, OO, que correspondem aos fenótipos do tipo sanguíneo A, B e O, respetivamente;
    - Dois outros genótipos são AO e BO que correspondem aos tipos sanguíneos A e B, respetivamente, porque o alelo O é recessivo
    - O genótipo restante é AB, correspondendo ao tipo de sangue AB. Ambos os alelos A e B contribuem para o fenótipo do heterozigoto, pelo que se diz que os alelos A e B são co-dominantes
    - Aa = a média de AA e aa

Alelos múltiplos:

- Um gene pode ter mais do que dois alelos, o que se designa por **alelismo múltiplo**, e o conjunto de alelos num determinado locus designa-se por *série alélica*
- Mais de dois fenótipos são reconhecidos para um determinado gene
- Mais de dois alelos são possíveis para um determinado gene
- Em conjunto, estes alelos formam uma série alélica

Exemplos:

- Tipos de sangue humano
- Os fenótipos dos tipos sanguíneos são - A, B, AB e O

Alelos letais e pleiotropia:

Gene letal - um gene que leva à morte de um indivíduo; estes podem ser de natureza dominante ou recessiva

Exemplo: Gene Manx em gatos

Mm: sem cauda; **mm**: normal; **MM**: morto

Pleiotropismo

Este resultado também realça outro princípio genético importante --- um gene pode afetar dois fenótipos diferentes. Neste caso, o gene Y afecta a cor da pelagem e a viabilidade. Este tipo de ação genética chama-se **pleiotropismo** e o gene é chamado gene **pleiotrópico,**

Gene pleiotrópico - um gene que afecta mais do que um fenótipo

Interação entre genes (epistasia)

Um gene dominante pode mascarar o efeito do seu alelo recessivo. Trata-se da interação entre alelos do mesmo gene. Em muitos casos, os rácios genéticos básicos são modificados por interacções entre loci que afectam a mesma caraterística fenotípica (uma interação intergénica ou interalélica), ou seja, melhor descrita como uma interação genética não-alélica. Este fenómeno é conhecido como epistasia. Diz-se que um gene que mascara os efeitos de outro é epistático em relação a esse gene

De um modo geral, os tipos de ação dos genes podem ser:

Os efeitos aditivos referem-se à ação de um gene que afecta uma caraterística genética numa fusão tal que cada um deles aumenta a expressão da caraterística. Se na expressão de uma caraterística quantitativa (rendimento, por exemplo) o efeito de um único gene acrescenta um incremento de rendimento, dois genes acrescentariam duas unidades, e assim por diante, quer sejam alelos num locus ou genes separados em vários loci. Por exemplo, aabb = 0, AaBb = 2, AABb = 3, AABB= 4 **Os efeitos de dominância** são desvios do aditivo, de modo que o heterozigoto é mais parecido com um progenitor do que com o outro. Com dominância completa, o heterozigoto e o homozigoto têm efeitos iguais. Utilizando o rendimento, como acima, para um exemplo, aa=0, Aa=2, AA=2

Os efeitos de epistasia são o resultado de interacções genéticas não-alélicas, ou seja, a interação de genes em diferentes loci. Dois genes podem não ter qualquer efeito individualmente, mas têm um efeito quando combinados. Por exemplo, Aabb=0, aaBB=0, A- B-=4

Os efeitos de **sobredominância** ocorrem quando cada alelo contribui com um efeito separado e os alelos combinados contribuem com um efeito superior ao de cada alelo separadamente. Se o efeito de cada alelo for um, como acima, aa=l, AA=1, e Aa=2

Exemplos de alguns dos tipos mais comuns de interação genética epistática são os seguintes

1. Epistasia dominante: o efeito do gene A domina o efeito do gene B. O gene B só se exprime quando não está presente o alelo dominante A

Tabela 10 epistasia dominante

	AB	Ab	aB	ab

AB	AABB	AABb	AaBB	AaBb
Ab	AABb	AAbb	AaBb	Aabb
aB	AaBB	AABb	aaBB	aaBb
ab	AaBb	Aabb	aaBb	aabb

Nos blocos sombreados a cinzento (acima), o gene A é expresso; nos 3 blocos sombreados a verde, o gene B é expresso; o homozigótico recessivo não expressa o gene. O rácio fenotípico F2 é 12:3:1

2. Epistasia recessiva/Genes modificadores/Ação modificadora: o efeito do gene A domina o gene B, mas o gene B intensifica a expressão de A (o gene B não tem expressão da caraterística por si só)

Quadro 11 epistasia recessiva

	AB	Ab	aB	ab
AB	AABB	AABb	AaBB	AaBb
Ab	AABb	AAbb	AaBb	Aabb
aB	AaBB	AABb	aaBB	aaBb
ab	AaBb	Aabb	aaBb	aabb

Os 9 blocos sombreados a cinzento (acima) expressam todos um efeito intensificado do gene A. Nos 3 blocos sombreados a vermelho, A é expresso a um nível reduzido. Nos 4 blocos sombreados a verde, A não é expresso. O rácio fenotípico F2 é 9:3:4

Exemplo: um gene produz um efeito apenas na presença de um segundo gene noutro locus. No milho, um gene dominante Pr produz aleurona roxa na presença do dominante R, mas não expressa nenhum efeito na ausência de R. Por exemplo, PrR=aleurona vermelha; Prr; prr=aleurona incolor

3. Genes duplicados com efeito cumulativo/Genes aditivos/efeito aditivo: a situação em que a intensidade de uma caraterística é aumentada pela interação de dois genes (ou seja, dois genes podem produzir o mesmo efeito, mas os efeitos são aditivos se ambos os genes estiverem presentes

Tabela 12 Genes duplicados com efeito cumulativo

	AB	Ab	aB	ab
AB	AABB	AABb	AaBB	AaBb
Ab	AABb	AAbb	AaBb	Aabb
aB	AaBB	AABb	aaBB	aaBb
ab	AaBb	Aabb	aaBb	aabb

Os 9 blocos sombreados a cinzento (acima) têm expressão total da caraterística; os 6 blocos sombreados a verde têm expressão parcial da caraterística, e o homozigótico recessivo não expressa a caraterística. A proporção fenotípica F2 é 9:6:1 Gene duplicado com interação: A-bb e aaB- todos têm expressão idêntica; A-B- todos têm expressão parcial e aabb não tem expressão (como descreve Fehr)

Exemplo: Na cevada, tanto A como B produzirão colmos de comprimento médio, enquanto os genes dominantes em conjunto produzem colmos longos. Os genes recessivos produzem plantas sem colmos, ou seja, Ab,aB=colmos de comprimento médio; AB=colmos longos; ab=colmos sem colmos. Se vários genes estiverem envolvidos na expressão de uma caraterística, interacções complexas podem complicar os rácios genéticos. Nestes casos, é necessário um grande número de descendentes para obter uma população com uma representação de todas as classes

4. Genes Dominantes Duplicados/Genes Duplicados/Ação Duplicada: a situação em que 2 genes têm expressão semelhante (qualquer um dos dois genes pode produzir um efeito semelhante, ou o mesmo efeito é produzido pelos dois em conjunto). Todas as plantas F2 têm o mesmo fenótipo, exceto a homozigótica recessiva, que não expressa o gene

Tabela 13 Genes dominantes duplicados

	AB	Ab	aB	ab
AB	AABB	AABb	AaBB	AaBb
Ab	AABb	AAbb	AaBb	Aabb

aB	AaBB	AABb	aaBB	aaBb
ab	AaBb	Aabb	aaBb	aabb

Os 15 blocos sombreados a cinzento (acima) expressam todos a caraterística; o bloco aabb não. O rácio fenotípico F2 é de 15:1

Descrever em Fehr como epistasia dominante duplicada (A epistático para B e b, B epistático para A e a)

Exemplo: O malmequer comum tem uma cápsula de semente de forma triangular que é produzida por qualquer um dos genes dominantes C ou D, ou por ambos juntos, CD. Com ambos os recessivos, a cápsula da semente tem uma forma ovoide. Por exemplo, Cd, cD, CD= cápsula de semente de forma triangular; cd= cápsula de semente de forma ovoide

5. Genes Recessivos Duplicados/ação complementar: Podem ser necessários dois genes não alelos para produzir um único efeito

Exemplo: A situação em que um alelo dominante está presente em 2 loci diferentes. Tanto o gene A como o gene B têm de estar presentes para que haja expressão

Tabela 14 Genes recessivos duplicados

	AB	Ab	aB	ab
AB	AABB	AABb	AaBB	AaBb
Ab	AABb	AAbb	AaBb	Aabb
aB	AaBB	AABb	aaBB	aaBb
ab	AaBb	Aabb	aaBb	aabb

Neste caso, os 9 blocos sombreados a cinzento (acima) expressam o carácter, enquanto os 7 não sombreados não o expressam. O rácio fenotípico F2 é 9:7

Epistasia recessiva duplicada: aa epistática para B e b; bb epistática para A e a (como descrito em Fehr)

Exemplo: São necessários dois genes dominantes A e B para que a variedade seja resistente a determinadas raças de ferrugem da aveia. AB=resistente, Ab, aB,ab=suscetível

6. Interação dominante e recessiva (genes supressores/ação de inibição): o gene B é dominante, mas a sua expressão é inibida quando o gene A também é dominante

Quadro 15 Interação dominante e recessiva

	AB	Ab	aB	ab
AB	AABB	AABb	AaBB	AaBb
Ab	AABb	AAbb	AaBb	Aabb
aB	AaBB	AABb	aaBB	aaBb
ab	AaBb	Aabb	aaBb	aabb

Nos blocos sombreados a cinzento (acima), o gene B é expresso; nos 12 blocos sombreados a verde (A_), B não é expresso porque é suprimido por A; no homozigótico recessivo (também sombreado a verde), aabb, B também não é expresso. O rácio fenotípico F2 é de 13:3

Teste do qui-quadrado (x)^2

Rejeitar ou não rejeitar uma hipótese proposta com base na probabilidade, ou probabilidade, de a hipótese estar correcta (o teste do Qui-quadrado é utilizado para testar a validade de uma hipótese)

- Pode formular uma hipótese provisória a partir do resultado observado
- O teste de hipóteses fornece um método estatístico objetivo para avaliar se os dados estão efetivamente de acordo com a hipótese
- Deve avaliar a **qualidade do ajuste** entre os dados observados e os dados previstos pela hipótese
- Se os dados observados e previstos estiverem intimamente relacionados, dizemos que os dados são consistentes com o resultado observado
- É razoável aceitar a hipótese
- Pode não se adequar bem e levar à rejeição da hipótese
- Esperemos que isto conduza a uma hipótese alternativa

- Raramente se obtém com precisão o rácio esperado numa experiência de segregação
- Verificar se a hipótese se ajusta a um rácio 3:1 ou a um rácio 9:3:3:1

- O qui-quadrado é útil quando os dados se enquadram em classes discretas (como baixo versus alto)
- O valor obtido é convertido num valor de probabilidade, ajustando-o à curva x^2 curva de distribuição
- Fórmula:

$$\chi^2 = \sum (O - E)^2/E$$

O= dados observados, reais
E= esperado, para o rácio que está a ser testado
Graus de liberdade (d.f.) = n-1 (n - de classes)

Fenótipos	Observado	Esperado	O-E	$(O-E)^2$	$(O-E)\ E^2$

Ex: Tabela de significância do Qui-Quadrado

Quadro 16 Interação dominante e recessiva

Graus de liberdade	**5 % Níveis de significância**
1	3.84
2	5.99
3	7.81
4	9.49

COMPARAR o valor do qui-quadrado calculado com o valor de uma tabela de significância do qui-quadrado e determinar se o nosso valor é significativo (a um nível de significância de 5%; este é um nível de significância bastante bom e é frequentemente utilizado como um "limite" em experiências como estas).

O que são "graus de liberdade"?

A resposta simples é que os seus graus de liberdade são menos um do que o número de categorias com que tem de trabalhar [A resposta complicada é que os graus de liberdade são **o número de valores que podem ser atribuídos aleatoriamente enquanto o total se mantém inalterado**].

Temos duas categorias, lisa e enrugada, por isso temos um grau de liberdade e pode ver-se nesta tabela que, com um grau de liberdade, poderíamos ter um qui-quadrado tão grande como 3,84 e os resultados ainda seriam considerados significativos a 5%. Ou seja, teríamos de obter um valor de qui-quadrado superior a 3,84 antes de dizermos que os nossos resultados estavam tão longe de uma relação 3:1 que teríamos de rejeitar essa relação (e a explicação de Mendel de como obteve essa relação). Ou, dito de outra forma, com um $X^2 = 0{,}263$ há menos de 5% de hipóteses de que esta relação 3:1 tenha acontecido por acaso. Há mais de 95% de hipóteses de que a relação 3 : 1 tenha um significado real ou seja "significativa" nesta experiência.

O grau de liberdade (DOF) é uma medida do número de categorias que são independentes umas das outras. Normalmente, é n-1, em que n é o número total de categorias.

Ideias e soluções

1. Mendel descobriu que as vagens cheias são dominantes sobre as vagens apertadas, enquanto as sementes redondas são dominantes sobre as sementes enrugadas. Um dos seus cruzamentos era entre plantas cheias e redondas e plantas apertadas e enrugadas. A partir deste cruzamento, obteve uma geração F_1 que era toda cheia e redonda. Na geração F2, Mendel obteve a sua clássica proporção 9:3:3:1. Utilizando esta informação, determine os resultados esperados de F_1 e F_2 de um cruzamento entre plantas homozigóticas constritas e redondas e plantas cheias e enrugadas

Solução: Defina símbolos genéticos para cada par de características contrastantes. Utilize a primeira letra minúscula dos traços recessivos para designar esses fenótipos e a primeira letra maiúscula para designar os traços dominantes. Assim, C e c indicam cheio e apertado, e W e w indicam fenótipos redondos e enrugados, respetivamente.

Determinar os genótipos da geração P_1 , a partir dos gâmetas, reconstituir a geração F_1 e ler o(s) fenótipo(s).

P₁: ccWW x CCww

Constricted round → full wrinkled

Gamets: cW Cw

F₁: CcWw

full, round

Pode ver imediatamente que a Figeneração expressa ambos os fenótipos dominantes e é heterozigótica para ambos os pares de genes. Assim, espera-se que a geração F_2 produza o rácio mendeliano clássico de 9:3:3:i. De qualquer forma, vamos trabalhar isso apenas para confirmar, usando o método da linha bifurcada. Ambos os pares de genes são heterozigóticos e é expetável que se agreguem independentemente, por isso podemos prever os resultados de cada par de genes separadamente e depois proceder com o método da linha bifurcada.

Cc x Cc → CC, Cc, cC } full; cc constricted

Ww x Ww → WW, Ww, wW } round; ww wrinkled

Cada descendência F2 está sujeita às seguintes probabilidades:

O método da linha bifurcada confirma então a proporção fenotípica 9:3:3:1. Lembre-se que isso representa proporções de 9/16:3/16:3/16:1/16. Note que estamos a aplicar a lei do produto quando colocamos as probabilidades finais:

2. Noutro cruzamento envolvendo plantas-mãe de genótipos e fenótipos desconhecidos, obteve-se a seguinte descendência

¾ full → ¾ round → 9/16 full, round

¾ full → ¼ wrinkled → 3/16 full, wrinkled

¾ full → ¾ round → 3/16 constricted, round

¾ full → ¼ wrinkled → 1/16 constricted, wrinkled

F_1 :3/8 cheio, redondo
3/8 cheio, enrugado
1/8 apertado, redondo
1/8 apertado, enrugado

Determinar os genótipos e fenótipos dos progenitores.

Solução: Este problema é mais difícil e requer uma visão mais apurada porque é preciso trabalhar para trás. A melhor abordagem é considerar os resultados da forma da vagem separadamente dos resultados da textura da semente.

De todas as plantas, 3/8 + 3/8 = % estão cheias e 1/8 +1/8 = % estão contraídas. Das várias combinações genotípicas que podem servir de pais, qual a combinação que dará origem a uma relação de 3/4:1/4? Esta proporção é idêntica aos resultados do F2 mono-híbrido de Mendel, e podemos propor que ambos os pais desconhecidos partilham a caraterística genética como os pais do F_1 mono-híbrido: devem ser ambos heterozigóticos para os genes que controlam a forma da vagem e portanto são Cc. Antes de aceitarmos esta hipótese, consideremos as possíveis combinações genotípicas que controlam a textura da semente. Se considerarmos apenas esta caraterística, vemos que os traços são expressos numa proporção de 3/8 + 3/8 = 1/2 redondo:3/8 +1/8 = ^ enrugado. Para gerar esta proporção, os pais não podem ser ambos heterozigotos, ou a sua descendência produziria uma proporção fenotípica de 3/4:1/4. Não podem ser ambos homozigóticos, ou todos os seus descendentes expressariam um único fenótipo. Assim, resta-nos testar a hipótese de que um dos pais é homozigótico e outro é heterozigótico para os alelos que controlam a textura. O caso potencial de WW x Ww não funciona, pois produz apenas um único fenótipo. Isto deixa-nos com o caso potencial de Ww x ww.

A descendência de um tal acasalamento produzirá ^ Ww (redondo):1/2ww (enrugado), exatamente o resultado que procuramos.

Agora, vamos combinar as hipóteses e prever o resultado do cruzamento. Na nossa solução, usamos um traço (-) para indicar que o segundo alelo pode ser dominante ou recessivo, uma vez que estamos apenas a prever fenótipos.

3/4C–
- 1/2Ww → 3/8 C–Ww full, round
- ½ ww → 3/8 C–ww full, wrinkled

1/4cc
- 1/2ww → 1/8ccWw constricted, round
- 1/2ww → 1/8ccww constricted, wrinkled

Como podes ver, este cruzamento produz descendência de acordo com a nossa informação inicial, e resolvemos o problema. Note que nesta solução. Utilizámos genótipos no método das linhas bifurcadas, ao contrário da utilização de fenótipos na solução anterior.

3. Determinar a probabilidade de uma planta de genótipo CcWw ser produzida a partir de plantas parentais com genótipos CcWw e Ccww

Solução: Os dois pares de genes demonstram dominância e recessividade diretas e se misturam independentemente durante a formação do gameta. Só precisamos de calcular as probabilidades individuais de obter os dois resultados separados (Cc e Ww) e aplicar a lei do produto para calcular as probabilidades finais:

Cc x Cc → ¼ CC:1/2Cc:1/4cc

Ww x ww → ½ Ww:1/2ww

P=(1/2Cc)(1/2Ww)=1/4CcWw

4. No laboratório, uma estudante de genética cruzou moscas que tinham asas normais e longas com moscas que expressavam a mutação dumpy (asas truncadas), que ela acreditava ser uma caraterística recessiva. Na geração F_1, todas as moscas tinham asas longas. Os seguintes resultados foram obtidos na geração F_2 :

792 moscas de asa longa

208 moscas de asa branca

O aluno testou a hipótese de que a asa esburacada é herdada como uma caraterística recessiva, utilizando a análise do qui-quadrado dos dados F_2

(a) Que rácio foi considerado?

(b) A análise apoiou a hipótese?

(c) O que é que os dados sugerem sobre a mutação "dumpy"?

Solução:

(a) O aluno levantou a hipótese de que os dados F2 (792:208) se enquadram na proporção monohíbrida 3:1 de Mendel para genes recessivos.

(b) O passo inicial na análise X^2 é calcular os resultados esperados (e) se o rácio for 3:1. De seguida, podemos calcular o desvio o-e (d) e os restantes números

Rácio	o	e	d	d^2	d /e^2
3/4	792	750	42	1764	2.35
1/4	208	250	-42	1764	7.06
total	1000				

$$\chi^2 = \sum d^2/e$$

$$=2.35 + 7.06$$

$$= 9.41$$

Existem dois resultados possíveis (n), pelo que o grau de liberdade (df)=n-1 oul. A tabela mostra que p é um valor entre 0,01 e 0,001: Como P<0,05, rejeitamos a hipótese nula. Os dados não se ajustam a uma relação 3:1.

(c) Quando aceitámos a relação 3:1 de Mendel como uma expressão válida do cruzamento monohíbrido, foram feitas numerosas suposições, examinando as nossas suposições subjacentes que podem explicar porque é que a hipótese nula foi rejeitada. Um estudo mais aprofundado pode revelar que as moscas com asas curtas são um pouco menos viáveis do que as moscas normais. Como resultado, seria de esperar que menos de % da descendência expressasse asas acidentadas. Esta observação é confirmada pelos dados, embora não tenhamos provado que isto é verdade.

CAPÍTULO 4

DETERMINAÇÃO DO SEXO

A maioria das descobertas de vários cientistas ocorreu no final do século XIX e no início do século XX

1. A teoria cromossómica da hereditariedade e da ligação entre sexos
   A. A teoria cromossómica da hereditariedade de Sutton e Boveri, proposta em 1903 - os genes estão localizados nos cromossomas
   B. Um pouco antes disso (final do século XIX), os biólogos tinham descoberto que metade de todos os espermatozóides transportavam uma estrutura chamada corpo X.
   C. Em 1905, determinou-se que o corpo X era constituído por cromossomas - cromossomas X.
   D. Depois, em 1905, foi também descoberto o cromossoma Y.
   E. Em conjunto, os cromossomas X e Y são conhecidos como os cromossomas sexuais.
   F. Todos os outros cromossomas são chamados autossomas
   G. Sistemas desenvolvidos de cromossomas sexuais
      - Os cromossomas do núcleo dividem-se longitudinalmente durante a divisão celular
      - Os cromossomas divididos foram distribuídos em igual número pelas células filhas
      - O número total de cromossomas permanece constante em todas as células de um organismo, exceto durante a formação dos gâmetas
      - O número de cromossomas varia muito de espécie para espécie

NB. Em 1903, Sutton e Boveri propuseram a teoria cromossómica da hereditariedade, segundo a qual os cromossomas são os portadores dos genes (transmissão dos genes de geração em geração). Como existem muitos mais loci/genes num organismo, um único cromossoma tem muitos loci.

Determinação do sexo e cromossomas sexuais

- Os cromossomas envolvidos na determinação do sexo são designados por cromossomas sexuais. Todos os outros cromossomas são designados por cromossomas autossómicos ou autossomas. Embora os cromossomas sexuais constituam o meio mais comum de determinação do sexo, não são o único mecanismo.
- Um **sistema de determinação do sexo** é um sistema biológico que determina o desenvolvimento de características sexuais num organismo.
- A maioria dos organismos sexuais tem dois sexos.
- Em muitos casos, a determinação do sexo é genética: os machos e as fêmeas têm alelos diferentes ou mesmo genes diferentes que especificam a sua morfologia sexual.
- Nos animais, esta situação é frequentemente acompanhada de diferenças cromossómicas.
- Noutros casos, **o sexo é determinado por variáveis ambientais** (como a temperatura) ou sociais (o tamanho de um organismo relativamente a outros membros da sua população).
- Os pormenores de alguns sistemas de determinação do sexo ainda não são totalmente conhecidos

Determinação do sexo

O sexo é determinado de diferentes formas consoante o taxa (classificação dos organismos)

1) **Monóica**

   Muitas plantas (ervilhas, milho, etc.) e alguns animais (minhocas, hidra) têm órgãos sexuais masculinos e femininos no mesmo indivíduo e produzem gâmetas masculinos (espermatozóides) e femininos (óvulos). Estes organismos são monóicos [significa "uma casa"; ambos os sexos vivem na mesma "casa" ou indivíduo]. Ocasionalmente, a palavra hermafrodita é usada para significar a mesma coisa.

2) **Dioico**
   - A maioria dos animais e algumas plantas (como os *carvalhos* e as *tamareiras*) são dióicas. [Significa "duas casas"; cada sexo vive numa "casa" ou indivíduo diferente]. Os organismos **dióicos** têm dois sexos, masculino e feminino, e cada indivíduo produzirá apenas um tipo de gâmeta. As pessoas são dióicas
   - Entre alguns taxa dióicos - como algumas espécies de peixes, jacarés e tartarugas marinhas - o sexo não é determinado pela genética mas pelo ambiente! As concentrações de hormonas ou as diferenças de temperatura fazem com que o embrião em desenvolvimento se desenvolva como macho ou fêmea. No entanto, o sexo da maioria dos indivíduos dióicos não é determinado pelo ambiente, mas pela genética

3) **Ploidia (sistema de determinação do sexo haplodiplóide)**
   - Os insectos desenvolveram alguns sistemas invulgares de determinação do sexo. Por exemplo, o sexo de uma abelha melífera é determinado pelo facto de o ovo ser fertilizado ou não. Ou seja, um zigoto

haploide desenvolve-se num macho (zangão), mas um zigoto diploide (produzido por fertilização) produz uma abelha fêmea (operária ou rainha, dependendo da alimentação da larva durante o seu desenvolvimento)

- Na maioria dos taxa dióicos, o sexo é determinado por cromossomas sexuais específicos
- A maioria dos animais tem um par de cromossomas sexuais que, em conjunto ou individualmente (dependendo dos taxa), determinam o sexo do embrião em desenvolvimento e, consequentemente, o sexo do indivíduo adulto.

4) **Sistemas não genéticos de determinação do sexo**

- Determinação do sexo em função da temperatura
- Em algumas espécies de répteis , incluindo os jacarés (crocodilos), algumas tartarugas e a tartaruga , o sexo é determinada pela temperatura a que o ovo é incubado.
- Outras espécies, como alguns caracóis, praticam a mudança de sexo: os adultos começam por ser machos e depois tornam-se fêmeas.
- Nos peixes-palhaço tropicais, o indivíduo dominante de um grupo torna-se fêmea enquanto os outros são masculino
- Algumas espécies não têm sistema de determinação do sexo, por exemplo, as minhocas e alguns caracóis são hermafroditas
- Algumas espécies de lagartos, peixes e insectos são todas fêmeas e reproduzem-se por partenogénese (sem fertilização)

Existem quatro tipos básicos de mecanismos cromossómicos:

1. Sistema **XX-XY** em que as fêmeas são **XX homomórficas** e os machos **são XY heteromórficos**. Este sistema encontra-se nos mamíferos, incluindo os humanos, e em alguns insectos, incluindo *a Drosophila.* Nos humanos, as fêmeas têm 23 pares homomórficos e os machos têm 22 pares homomórficos mais um par heteromórfico. Durante a meiose, as fêmeas produzem apenas um tipo de gâmeta, todos com um cromossoma X. Os machos produzem dois tipos de gâmetas, um com um cromossoma X e outro com um cromossoma Y. As fêmeas são homogâmicas e os machos são heterogâmicos.
2. Sistema **ZZ-ZW** em que as fêmeas são heteromorfas ZW e os machos são homomorfos ZZ. Isto ocorre em aves, alguns peixes e traças. É essencialmente o oposto do XY nos mamíferos.
3. Sistema **XX-XO** em que as fêmeas têm 2 cromossomas X. Os machos têm apenas 1 X e nenhum cromossoma sexual adicional. As fêmeas têm um número par de cromossomas e os machos têm um número ímpar de cromossomas. Esta situação ocorre em muitas espécies de insectos. Este foi o primeiro mecanismo de determinação do sexo descoberto, e o cromossoma determinante do sexo foi designado por X em 1905. Os gâmetas dos machos têm um cromossoma X ou não têm cromossoma sexual
4. Sistema de cromossomas **compostos**. Estes podem ser muito complexos, com vários números de cromossomas X e Y. Por exemplo, no *Ascaris incurva*, um nemátodo, existem 26 autossomas, 8 cromossomas X e 1 cromossoma Y. Os machos têm 26A + 8X + Y para 35 cromossomas; as fêmeas têm 26A + 16X para 42 cromossomas. Este tipo de sistema também é comum nas aranhas.

Formas divertidas de determinação sexual em moscas:

- O rácio X-autossoma determina o sexo
- XX AA; XXX AAA = fêmea (1:1 X:A)
- XY AA, XO AA, XXY AAAA= masculino (1:2 X:A)

Determinação do sexo humano

- Os seres humanos têm 46 cromossomas ou 23 pares de cromossomas
- 22 dos cromossomas são frequentemente agrupados em pares homólogos (os pares partilham os mesmos genes nos mesmos loci)
- 22 pares dos nossos cromossomas não estão envolvidos na determinação do sexo e são chamados **autossomas** (formam tétrades na meiose I, compostas por um cromossoma materno e um paterno)
- Numerados do maior (#1) para o mais pequeno (#22)
- O 23rd par de cromossomas humanos não é realmente homólogo, pelo menos nos homens
- Os mamíferos machos têm um cromossoma X e um cromossoma Y (os dois cromossomas não são nada parecidos; não partilham quaisquer loci ou genes)
- As fêmeas de mamíferos não têm um cromossoma Y. A maioria das mulheres tem dois cromossomas X
- Os cromossomas X e Y são apenas parcialmente homólogos, apenas as regiões homólogas se

emparelham na meiose. As regiões não emparelhadas são chamadas regiões diferenciais, onde os genes são ***hemizigotos*** (cópia única, contêm apenas um alelo) nos machos

cromossoma Y

- Um gene chamado "**região determinante do sexo do Y" ou simplesmente "SRY"**
- Responsável pela transformação de um embrião de mamífero num mamífero macho
- Os SRY produzem características masculinas no embrião (os testículos e o pénis são os mais óbvios)
- Os embriões sem um cromossoma Y produzirão características femininas no embrião (ovários e uma vagina são as mais óbvias)

Quadrado de Punnett para a determinação do sexo utilizando os cromossomas sexuais (é aceitável utilizar o quadrado com os cromossomas inteiros)

- **A fêmea** produz apenas um tipo de **óvulo** (homozigótica em relação aos cromossomas sexuais, XX)
- **Os machos** produzem dois tipos de **espermatozóides** (X e Y; "heterozigotos" no que diz respeito aos cromossomas sexuais)
- Qualquer embrião que receba o cromossoma Y do pai desenvolver-se-á num rapaz, mas qualquer embrião que receba o seu cromossoma X tornar-se-á numa rapariga (a fêmea não tem o gene SRY)
- Os homens são "heterozigotos" e determinam se a mulher dá à luz um filho ou uma filha (**os homens determinam o sexo dos seus filhos**)

- Produz filhos e filhas numa proporção de **1 : 1** porque o pai produz igual número de espermatozóides portadores de X ou Y (A fêmea é "recessiva" porque nenhum dos seus gâmetas é portador do traço "dominante" de "masculinidade" causado pelo SRY). No entanto, ao contrário de um cruzamento de teste, o genótipo do macho - na verdade o seu **cariótipo** (o número, a forma e os tipos de cromossomas numa célula) em relação aos seus cromossomas sexuais **é conhecido**.

Bridges (1900) também descobriu que o sexo na ***Drosophila*** não se deve à presença ou ausência do cromossoma Y, mas ao número de cromossomas X. O Y só é necessário para a fertilidade, para a formação do esperma.

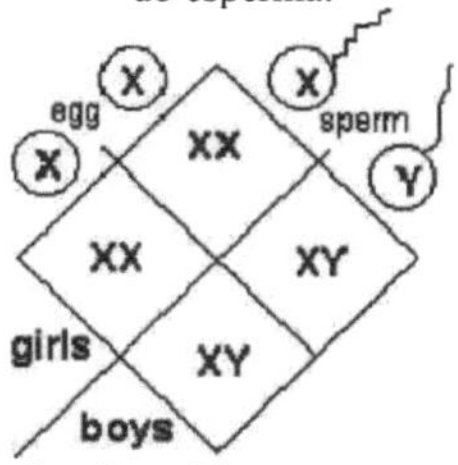

Genética com ligação ao sexo (Herança ligada ao X)

Nos seres humanos, há muitas características importantes que estão ligadas ao sexo

- Diz-se que os genes localizados num determinado cromossoma estão ligados a ele.
- Diz-se que os genes do cromossoma X são ligados ao X
- Os genes ligados (ou seja, nos) aos cromossomas sexuais têm modos de hereditariedade invulgares
- Os autossomas ocorrem em pares homólogos, possuindo cada cromossoma uma cópia (alelo) de cada gene. A segregação e a re-associação conduzem ao padrão de hereditariedade mendeliana. Os cromossomas sexuais podem ser geneticamente distintos, pelo que podem não existir pares homólogos, o que leva a padrões de hereditariedade diferentes da hereditariedade autossómica.
- Existe uma "sobredose" ou "subdose" de genes devido à variação do cromossoma X em homens ou mulheres normais. Os homens normais têm apenas um cromossoma X, mas as mulheres normais têm duas cópias

- Nos animais com mecanismo de determinação do sexo XY, o cromossoma X tem muitos loci, muitos dos quais não têm nada a ver com o sexo em si. O Y é normalmente mais pequeno e possui menos loci que não são os mesmos loci do cromossoma X. Assim, as fêmeas que têm o mesmo alelo num locus do cromossoma X são homozigóticas. Alelos diferentes seriam heterozigotos. Os machos, por terem apenas um X, são <u>hemizigotos</u> e podem ter apenas um alelo num locus. Por este facto, uma cópia de um alelo recessivo será expressa no fenótipo em indivíduos do sexo masculino.

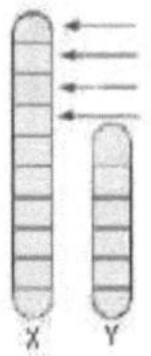

- As setas indicam os genes ligados ao sexo no cromossoma X. Neste emparelhamento homólogo, todos esses genes são dominantes, porque não existem genes opostos no cromossoma Y para oferecer dominância

Assim, quando o organismo tem um complemento cromossómico XY (ou seja, um macho), estes genes ligados ao sexo são expressos livremente no fenótipo do organismo,

- sendo um exemplo o desenvolvimento de orelhas peludas na velhice

Figura 7 Cromossomas X e Y

Os traços limitados pelo sexo são traços herdados de forma autossómica e que se expressam num sexo, mas não no outro. Alguns exemplos são a plumagem sexualmente dimórfica nas aves, a produção de leite nos mamíferos, os cornos nos veados, a barba nos humanos

As características influenciadas pelo sexo aparecem em ambos os sexos, mas mais num sexo do que noutro.

- A calvície nos seres humanos: A hormona masculina testosterona é necessária para a expressão total da calvície. Devido a esta diferença hormonal, o alelo para a calvície comporta-se como uma caraterística dominante nos homens (expressa quando heterozigótico), mas comporta-se como um alelo recessivo nas mulheres (tem de ser homozigótico para se expressar)
- O daltonismo é comum. As pessoas afectadas são incapazes de distinguir as cores vermelha e verde.
- Orelhas peludas nos homens com o avançar da idade
- Hemofilia - Doença que impede a coagulação do sangue
- Se a caraterística ligada ao sexo for recessiva, todas as filhas dos homens afectados serão portadoras do alelo defeituoso, mas serão saudáveis. Apenas metade da descendência masculina das filhas terá a doença. A descendência feminina será toda normal, mas metade será portadora como a mãe

Na hereditariedade ligada ao sexo, os cruzamentos não são recíprocos. O padrão ligado ao X é chamado de padrão de herança cruzada porque os pais passam a caraterística para as filhas que a passam para os filhos

Um indicador-chave da ligação entre sexos é o facto de os cruzamentos recíprocos darem resultados diferentes:

Por exemplo, cruzamento (reprodução pura): fêmeas de olhos vermelhos com machos de olhos brancos Drosophila

Fl: Todos os machos e todas as fêmeas têm olhos vermelhos

Cruzamento recíproco: fêmeas brancas cruzadas com machos vermelhos

Fl: Todos os machos são brancos, todas as fêmeas são vermelhas

E a F2?

"Cromossomas sexuais "mutantes

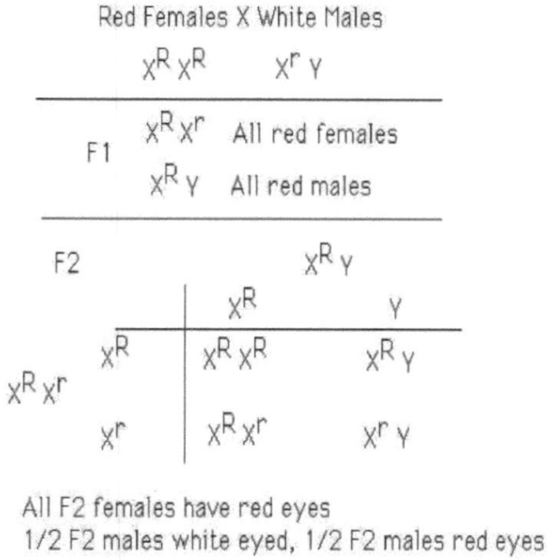

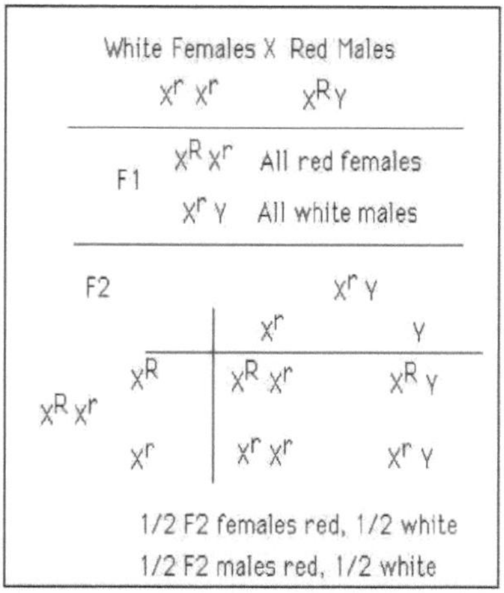

Mutação: Qualquer alteração na sequência do ADN que codifica um gene (os genes mudam de uma forma alélica para outra); o fenótipo do organismo mudou; linha germinal ou linha de células somáticas; alteração do número e da estrutura dos cromossomas Alterações do número de cromossomas

1. **Euploidia:** Alterações no número de conjuntos completos de cromossomas. Um conjunto de cromossomas é designado por genoma.
2. **Aneuploidia**: Alterações do número de cromossomas nos conjuntos ou genomas.

- Aneuploidia autossómica" significa que existe um número invulgar de autossomas
- A aneuploidia entre os cromossomas sexuais é mais comum devido a erros na meiose durante a formação do gâmeta num dos progenitores, pelo que o zigoto começa com a contagem cromossómica errada

Exemplos:

Duas aneuploidias masculinas - as *síndromes de Klinefelter e XYY:*

- Existe uma condição médica interessante chamada **síndrome de Klinefelter** em que uma pessoa tem dois X e um Y (**XXY**); total de **47** cromossomas (aneuploidia dos cromossomas sexuais)
- Variações mais raras da **síndrome de Klinefelter** em que o indivíduo tem ainda mais Xs extra - como **XXXY** e **XXXXY.**
- A maioria dos homens com síndrome de Klinefelter é alta e magra, tem pernas compridas, gónadas pequenas e características sexuais secundárias pouco desenvolvidas (sem barba), desenvolvimento mamário e são normalmente inférteis
- A aneuploidia do cromossoma sexual "oposto" seria ter mais do que um cromossoma Y, ou seja, **a síndrome** ***XYY***. As pessoas XYY são do sexo masculino, não têm um fenótipo anormal; são ligeiramente mais altas e têm uma fertilidade normal; correlação com negligência
- Os relatórios sugerem que **os homens XYY**, ou "super-homens", tinham mais probabilidades de acabar na prisão por crimes violentos (investigações posteriores mostraram que se tratava de um erro estatístico, mas os XYY têm ligeiros problemas de comportamento)
- **YY e YO** (tal como é representado) são fatais (o embrião morre uma semana após a fertilização porque existem muitos genes muito importantes no cromossoma X sem os quais não podemos viver; todos temos de ter pelo menos um cromossoma X para sobreviver)

Existem duas aneuploidias femininas:

- A trissomia do cromossoma X é uma doença em que a mulher tem três cromossomas X, pelo que tem um total de 47 cromossomas. Estas mulheres com "**triplo X**" têm um aspeto normal (embora por vezes sejam mais altas), mas têm frequentemente um QI mais baixo; crânios curtos; excesso de pele na parte de trás do pescoço
- Com cada X extra, o atraso mental torna-se mais grave

- As mulheres com síndrome de Turner têm apenas um cromossoma X. Esta é a única aneuploidia humana (viável) que envolve apenas 45 cromossomas; é a mais rara das aneuploidias dos cromossomas sexuais e estas raparigas/mulheres apresentam uma variedade de características clínicas subtis, mas de diagnóstico, e uma variedade de problemas médicos.
- Os cromossomas X e Y são diferentes. Podemos viver sem um cromossoma Y, mas temos de ter, pelo menos, um cromossoma X**; o cromossoma** Y é o cromossoma mais pequeno; o cromossoma X é um dos maiores cromossomas e está repleto de genes muito importantes, como o gene no "locus Xq28.2", que é o gene de uma enzima chamada glucose-6-fosfato desidrogenase, utilizada para metabolizar a glucose que todas as células utilizam
- Existem outros genes no cromossoma X envolvidos noutros eventos importantes, como a reciclagem do ADN, o desenvolvimento muscular, a imunidade e a coagulação do sangue.
- As quantidades de produtos genéticos (proteínas produzidas pelo gene) dos genes ligados ao X, homens e mulheres produzem (aproximadamente) quantidades iguais. Há produtos genéticos suficientes de um cromossoma X para manter os homens vivos.
- As mulheres evitam a "sobredosagem" desligando um dos seus cromossomas X num processo chamado **inativação do X**. O cromossoma X a desligar é determinado aleatoriamente durante o desenvolvimento do embrião; os homens com síndrome de Klinefelter (**2n = 47,** com os cromossomas sexuais XXY) inactivam a cópia extra
- Por conseguinte, uma pessoa terá **n-1 corpos de Barr**, em que **n** é igual ao número de cromossomas X:
    - uma mulher normal (XX) terá um corpo de Barr
    - um homem normal (XY) não terá corpos de Barr
    - uma mulher Turner (XO) não terá corpos Barr
    - um homem Klinefelter (XXY) terá um corpo Barr

CAPÍTULO 5

LIGAÇÃO E MAPAS DE LIGAÇÃO

Ligação

O que acontece às proporções mendelianas quando dois genes estão ligados no mesmo cromossoma?

- A lei de Mendel 2nd não funciona quando dois genes se encontram próximos um do outro no mesmo cromossoma
- Os alelos mantêm-se unidos quando são transmitidos à geração seguinte - fazem parte da mesma molécula de ADN
- Dois genes ao longo da molécula, o cruzamento meiótico pode ocorrer entre eles e assim criar uma nova combinação de alelos
- Medindo a frequência de cromossomas recombinantes na descendência, podemos estimar a distância que separa os dois genes e fazer um **mapa genético**.

Estes mapas não são feitos apenas para satisfazer a curiosidade científica, têm uma aplicação direta tanto na ciência como na medicina.

Exemplo:

- Em primeiro lugar, ao mapear o gene responsável por uma doença genética, podemos identificá-lo mesmo quando temos pouca ou nenhuma ideia do que ele faz.
- Além disso, mesmo antes de um gene ser identificado, se puder ser mapeado em relação a outros genes ou a segmentos anónimos de ADN (conhecidos como **marcadores** ou **loci de marcadores**), a informação obtida a partir do estudo dos loci ligados pode ser utilizada para deduzir, por exemplo, se uma pessoa é ou não portadora de um gene mutante ou para fazer um diagnóstico pré-natal sobre se um embrião é afetado pela doença.

Gene Linkage e experiências de linkage: Conceito

- Os loci de dois genes próximos no mesmo cromossoma não se classificam independentemente na meiose

Medição em organismos experimentais como a Drosophila

- A primeira observação de dados de um cruzamento di-híbrido que não se enquadrava na relação mendeliana 9:3:3:1 prevista foi feita por Bateson e Punnett ao investigarem genes que afectam a pigmentação das flores e a forma do grão de pólen em ervilhas-de-cheiro
- Efectuou um cruzamento di-híbrido típico entre uma linha pura com flores roxas e grãos de pólen longos e uma segunda linha pura com flores vermelhas e grãos de pólen redondos.
- Esperava-se uma relação típica de 9:3:3:1 quando as plantas F_1 foram cruzadas (flores roxas e grãos de pólen longos eram ambos dominantes)
- Os resultados observados foram diferentes

Quadro 17 Resultados observados e esperados

	Observado	Esperado
Roxo, comprido (*P_L_*)	284	215
Roxo, redondo (*P_ll*)	21	71
Vermelho, comprido *(ppL_)*	21	71
Vermelho, redondo *(ppil)*	55	24
Total	**381**	**381**

A melhor explicação que apresentaram foi a de que, de alguma forma, as classes fenotípicas (alelos) dos progenitores estavam associadas e não se separavam independentemente nos gâmetas, como previsto pela segunda lei de Mendel

- A primeira investigação aprofundada foi efectuada por **Thomas Hunt Morgan** utilizando a mosca da fruta (*Drosophila melanogaster*)

- Para provar que os genes no mesmo cromossoma podem, por vezes, ser herdados em bloco, Morgan cruzou moscas de **olho vermelho e asa normal (pr+pr+ vg+vg+)** com moscas de **olho roxo e asa vestigial (prpr vgvg)**.
- Durante a meiose, são produzidos quatro gâmetas Fl diferentes
- Os gâmetas parentais são desenvolvidos sem qualquer processamento
- Gâmetas recombinantes por crossing over

Uma fêmea de Drosophila melanogaster a pôr um ovo. Note-se a cor vermelha dos seus olhos (tipo selvagem). Da *Enciclopédia Microsoft Encarta*

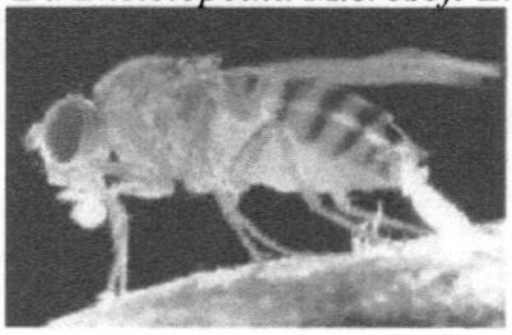

Figura 8 Uma fêmea de Drosophila melanogaster

A primeira cruz de Morgan:

Um cruzamento de teste:

- através do cruzamento de moscasprpr ***vgvg*** para o cruzamento F_1 (duplo heterozigoto para o duplo recessivo):
- Permite seguir os eventos meióticos num dos progenitores porque todos os gâmetas do progenitor do cruzamento de teste são homozigóticos recessivos

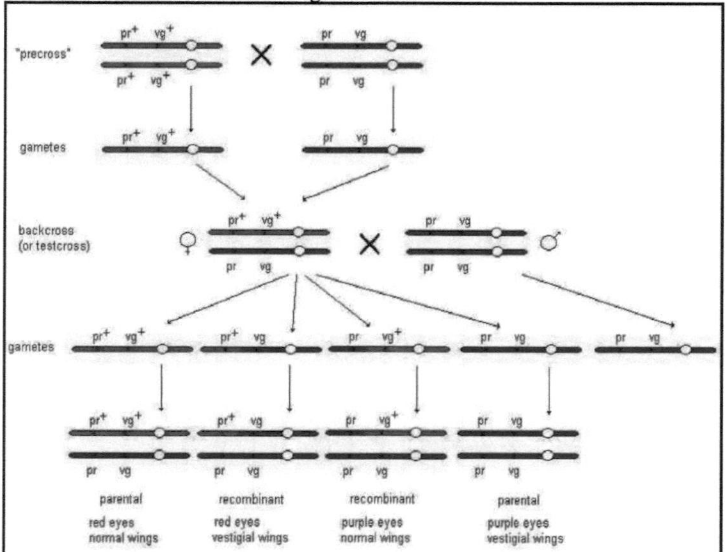

Rácio previsto: 1:1:1:1:1

Progénie real observada:

Retrocruzamento para medir a ligação entre pr e vg

Fenótipo	Fl gameta	*Observado*	Esperado
tipo selvagem	pr+, vg+	*1339*	709.75
vermelho, vestigial	pr+, vg	*151*	709.75
roxo, normal	pr, vg+	*154*	709.75
púrpura, vestigial	pr, vg	*1195*	709.75

Utilizar o teste do qui-quadrado para determinar se os resultados observados se ajustam ou se desviam da relação esperada

Teste Qui-Quadrado de Acoplamento Cruzado

Fi Gameta	**Observado**	**Esperado**	**(O-E) /E^2**
pr v/$^+$	1339	709.75	557.9
prV	151	709.75	439.9
prvg$^+$	154	709.75	435.2
prvg	1195	709.75	331.8
Total	**2839**	**2839**	**X^2 =1764.8**

Continuação da experiência 2nd :

Cruzamento entre moscas de olho vermelho, asa vestigial e moscas de olho roxo, asa normal (O cruzamento de dois pais em repulsão)

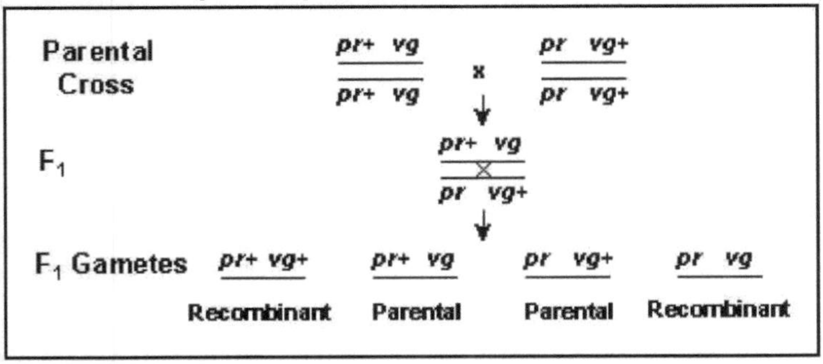

Resultados do 2° cruzamento:

F$_1$ Gameta	**Distribuição Testcross**	**Tipo de gâmeta**

_ +,+ *pr Vg*	157	Recombinante
pr vg$^+$	965	Parental
prvg$^+$	1067	Parental
prvg	146	Recombinante

Repulsão Cruzada Teste Qui-Quadrado

Fi Gameta	**Observado**	**Esperado**	**(O-E) /E^2**
_ +,+ *pr vg*	157	583.75	312.0
pr vg	965	583.75	249.0
pr vg	1067	583.75	483.3
prvg	146	583.75	328.3
Total	**2335**	**2335**	**X^2 =1372.6**

Valores elevados de qui-quadrado indicam que nenhum destes rácios se enquadra na fórmula 1:1:1:1

Condições:

- No cruzamento 1st, os dois alelos dominantes e os dois alelos recessivos estavam no mesmo cromossoma da F_1; o termo para o primeiro arranjo cromossómico da F_1 é chamado **acoplamento (cis)**
- No cruzamento 2nd um alelo dominante estava no mesmo cromossoma que um alelo recessivo; e o segundo arranjo é chamado **repulsão (trans)**

A pontuação LOD

O **LOD score** (logaritmo (base 10) das probabilidades), desenvolvido por Newton E. Morton, é um teste estatístico frequentemente utilizado para a análise de ligação em populações humanas, animais e vegetais. A pontuação de LOD compara a probabilidade de obter os dados do teste se os dois loci estiverem efetivamente ligados, com a probabilidade de observar os mesmos dados por mero acaso. As pontuações de LOD positivas favorecem a presença de ligação, enquanto as pontuações de LOD negativas indicam que a ligação é menos provável. A análise computorizada da pontuação de LOD é uma forma simples de analisar pedigrees familiares complexos para determinar a ligação entre características mendelianas (ou entre uma caraterística e um marcador, ou dois marcadores).

A pontuação LOD é calculada da seguinte forma:

NR representa o número de descendentes não-recombinantes e R representa o número de descendentes recombinantes. A razão pela qual se utiliza 0,5 no denominador é que quaisquer alelos que não estejam completamente ligados (por exemplo, alelos em cromossomas separados) têm 50% de hipóteses de recombinação, devido a uma variedade independente.

$$LOD = Z = \log_{10} \frac{\text{probability of birth sequence with a given linkage value}}{\text{probability of birth sequence with no linkage}}$$

$$= \log_{10} \frac{(1-\theta)^{NR} \times \theta^{R}}{0.5^{(NR+R)}}$$

Fração de recombinação, (*theta*, 0)

- theta = (número de descendentes recombinantes) / (número total de descendentes)

- theta deve situar-se no intervalo de 0 a 0,5
- Um valor de 0 significa que os dois genes estão tão próximos um do outro que nunca se recombinam
- Um valor de 0,5 implica que os genes não estão ligados. (O valor máximo de 0,5 e não de 1 deve-se ao facto de o crossing over ocorrer após a replicação do ADN e envolver apenas uma cromátide por cromossoma do par).

Em 1st experiência, a fração de recombinação entre os **genes *púrpura*** e ***vestigial*** é
151+154) / (1339+151+154+1195) = 0.107

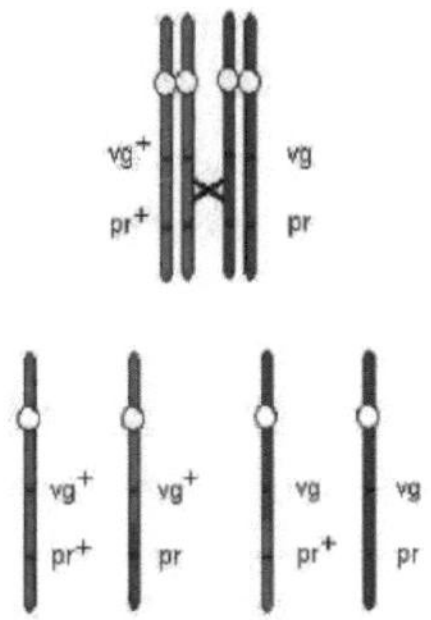

When there is a crossover, half the resulting gametes are still non-recombinant. So, even if a crossover occured every meiosis, half of the gametes would still be "parental". Hence e can at most be 0.5.

Morgan propôs o termo ligação genética após a segregação de dois mutantes em moscas *Drosophila*: **cor púrpura dos olhos (pr) e asa vestigial (vg)**

Observação de Morgan

- Esperava-se que tanto as cruzes de acoplamento como as de repulsão produzissem rácios de 1:1:1:1:1
- Os cruzamentos de teste desviaram-se do rácio esperado de **1:1:1:1:1** para a seleção independente:

1. As maiores classes foram as correspondentes aos gâmetas contribuídos pelos progenitores originais do híbrido F1
2. Existia uma relação de aproximadamente 1:1 entre as duas classes parentais e também entre as duas classes não parentais.
3. Sugeriu que, quando os cromossomas se emparelham na **prófase** meiótica, ocasionalmente trocam de partes durante o processo designado por **crossing-over**. Chegou a esta conclusão depois de saber da existência de **quiasmas**
   (***quiasma, singular***) na meiose, pontos onde ocorre a troca ou **o cruzamento de** cromátides não irmãs na prófase meiótica.
4. O crossing-over ocorre quando os cromossomas se encontram no estádio de quatro cromatídeos. Os quiasmas são a manifestação visível do crossing over
5. O arranjo original dos genes é chamado de combinação parental
6. A nova combinação de genes é designada por produtos de cruzamento ou recombinantes
7. Creighton e McClintock (1931) forneceram provas citológicas em milho de que os recombinantes são produzidos por quebra de cromossomas e reunião

Os genes podem ser ligados em duas fases diferentes

Acoplamento: Os alelos dominantes ou recessivos encontram-se no mesmo cromossoma homólogo. Esta fase é também designada por **cis.** Por exemplo: ***AB*** ou a ***b***

Repulsão: Associação de alelos dominantes com recessivos no mesmo homólogo. Esta fase é também designada por **trans.** Por exemplo: ***a B** ou **A b***

- Quanto mais próximos estiverem dois genes, maior é a probabilidade de serem herdados na combinação **parental**
- A seleção independente resulta em recombinação inter-cromossómica. As classes recombinantes constituem 50% da descendência. Cada meiose produzirá 50% de gâmetas recombinantes.
- O cruzamento entre dois genes do mesmo cromossoma produz a recombinação intra-cromossómica.
- Quando dois genes estão próximos um do outro num cromossoma, tendem a passar juntos para os gâmetas resultantes após a meiose.

- A frequência da recombinação depende da distância que separa os genes. Por isso, os genes ligados só se recombinam quando há um cruzamento entre cromátides não irmãs no espaço entre elas na meiose.

Mapa genético (mapa de ligação)

- Mostra a disposição e as distâncias relativas entre os genes num determinado cromossoma (Um mapa linear das posições relativas dos genes ao longo de um cromossoma)
- Ajuda a determinar se os genes com a mesma função estão no mesmo cromossoma e se estão ou não fisicamente próximos uns dos outros
- As distâncias são estabelecidas por análise de ligação (determina a frequência com que dois loci de genes se separam durante a recombinação cromossómica) (Os loci de genes num cromossoma podem ser mapeados medindo a frequência de recombinantes produzidos por crossing-over)

Unidade de mapa genético:

- A unidade de mapa é a distância entre dois genes, para os quais um produto da meiose em cada 100 é recombinante
- Por definição: uma unidade de mapa (m.u.) é igual a um por cento de fenótipos recombinantes. Em homenagem ao trabalho realizado por Morgan, uma m.u. também é chamada de um centimorgan (cM)
- Dois genes estão mesmo ao lado um do outro no cromossoma - o cruzamento será um acontecimento muito raro

Exemplos de **distância de** ligação:

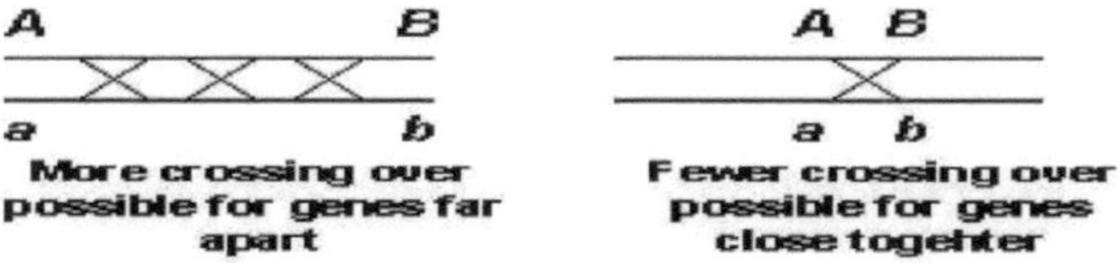

- Distância de ligação entre os genes ***pr*** e ***vg***
- Duas estimativas de cruzamentos de fases de acoplamento e repulsão

Fase de acoplamento:
Total = 2839 gâmetas
Gâmetas recombinantes= 305 (151 pr^+ vg+ 154pr vg^+) gâmetas
Distância de ligação = número de gâmetas recombinantes/gâmetas totais*100
Distância de ligação= 10,7 cM [(305/2839)*100)]
Fase de repulsão=13,0 cM [(303/2335)*100]

Obviamente, podemos concluir que os dois genes estão ligados no mesmo cromossoma. Mas qual é a verdadeira distância de ligação, o valor de 10,7 cM da experiência de acoplamento ou o valor de 13,0 da experiência de repulsão? Na verdade, nenhum dos dois está correto ou errado. Trata-se, mais uma vez, de duas estimativas. Só repetindo estas experiências muitas vezes, usando um número de diferentes cruzamentos independentes, é que podemos chegar a um valor.

Uma vez estabelecido um valor, estes genes podem ser representados graficamente. Digamos que a distância verdadeira entre os genes *pr* e *vg* é de 11,8 cM, que é a média das nossas duas estimativas. Em seguida, podemos apresentá-los ao longo de um cromossoma da forma mostrada abaixo.

(Note-se que é habitual utilizar as designações alélicas do fenótipo mutante ao desenhar estes mapas).

- Os resultados nunca serão mais do que 50% de gâmetas recombinantes (a distância máxima que dois genes podem estar separados e ainda assim medir essa distância é apenas inferior a 50 cM)
  - Se dois genes estiverem separados por mais de 50 cM, então não podemos determinar se residem no mesmo cromossoma ou se estão em cromossomas diferentes.

Teste cruzado de três pontos

- A abordagem padrão utilizada para a análise de ligação baseia-se no cruzamento de testes tri-híbridos: O cruzamento de uma tripla

heterozigótico por um homozigoto recessivo triplo

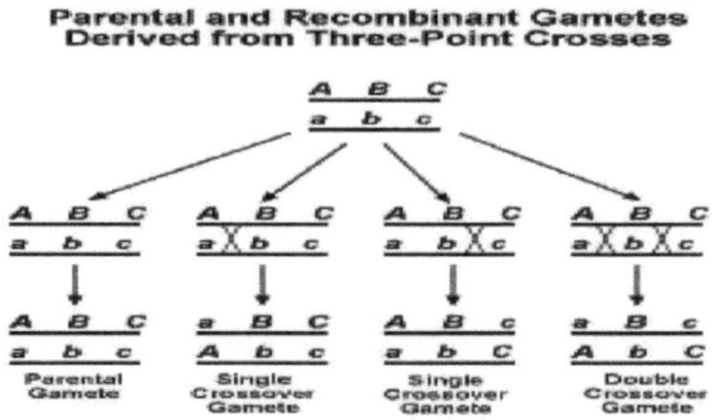

Figura 9 Cruz de ensaio de três pontos

Interferência

- Muitas vezes, um cruzamento numa região cromossómica afecta a probabilidade de um 2nd cruzamento na região adjacente devido a inibição mecânica ou interferência nas cromátides.
- Se os cruzamentos em duas regiões forem independentes, de acordo com a regra do produto, a frequência de recombinantes duplos seria igual ao produto da frequência de recombinantes das regiões adjacentes.

Fórmula para calcular a interferência:

I = 1 - c, em que c= coeficiente de coincidência

Coincidência entre as classes observadas e esperadas de duplo cruzamento (dco).

c = dco observado/ dco previsto

A interferência calcula a percentagem de cruzamentos duplos que não se concretizaram num cruzamento devido a inibição mecânica.

CAPÍTULO 6

INTRODUÇÃO À GENÉTICA MICROBIANA

O que são micróbios? Os micróbios são pequenos organismos, geralmente mais pequenos do que o olho humano consegue detetar. Os microrganismos incluem procariotas e eucariotas (principalmente unicelulares). Existem diferentes grupos de micróbios. Os micróbios típicos são:

- o **Bactérias** (no Reino Monera); as bactérias são tipicamente organismos unicelulares, microscópicos e procarióticos que se reproduzem por fissão binária; também as arqueias, que se parecem com bactérias mas são realmente muito diferentes
- o **Algas** (no Reino Protista ou Plantae, consoante a taxonomia). As algas são microrganismos tipicamente eucarióticos que efectuam a fotossíntese
- o **Fungos** (no Reino Fungi): leveduras e bolores; As leveduras são tipicamente fungos eucarióticos unicelulares, microscópicos, que se reproduzem assexuadamente por brotamento
- o **Protistas** (no Reino Protista): Os protozoários são organismos eucarióticos tipicamente unicelulares, microscópicos, que não possuem parede celular

  Nota: apenas os membros do Reino Animalia (e a maioria dos Plantae) não são considerados micróbios
- o **Os vírus** também são considerados micróbios. Os vírus não são células, mas sim parasitas informativos ("pedaço de má notícia envolto em proteína"). Os vírus são classificados separadamente. Cada reino tem os seus próprios vírus associados (por exemplo, o vírus VIH que causa a SIDA não pode infetar bactérias ou plantas, nem outros mamíferos). São normalmente partículas infecciosas submicroscópicas que contêm ADN ou ARN como genoma e que só se podem replicar no interior de uma célula hospedeira viva
- o A maioria dos micróbios vive como células unicelulares ou grupos de células; alguns são multicelulares (por exemplo, células filamentosas), mas não tão complexos como os animais e as plantas

A estrutura dos micróbios

- o Duas arquitecturas celulares básicas: procariotas e eucariotas

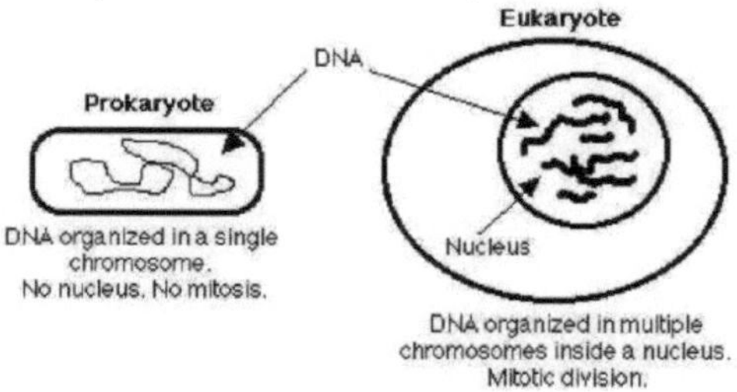

Figura 10 **A estrutura dos micróbios**

Procariotas

- "pro" = antes, + "karyos" = núcleo
- Inclui bactérias e cianobactérias (anteriormente designadas por algas azuis-verdes e que se pensava serem plantas), bem como archaea
- A arquitetura simples não foi compreendida até à tecnologia do microscópio eletrónico na década de 1940.
- As bactérias têm uma única molécula de ADN circular ("cromossoma"), dividem-se por fissão binária e não por mitose ou meiose.
- Tamanhos típicos: 0,5-5 pm (micrómetros) de diâmetro.

Eucariotas

- "eu" = verdadeiro, + "karyos" = núcleo
- Contêm tipicamente organelos delimitados por membranas (por exemplo, mitocôndrias, lisossomas, retículo endoplasmático, corpos de Golgi).
- Tamanhos típicos: de 5 micrómetros (células de levedura) a 50 ou 100 micrómetros. Algumas células (como os ovos das aves) são enormes e outras (como as células nervosas dos animais) podem atingir comprimentos de muitos metros, apesar de terem um diâmetro pequeno.
- Inclui protistas, fungos, animais e plantas.
- Os eucariotas dividem-se por mitose (reprodução assexuada) ou, por vezes, por meiose (em preparação para a reprodução sexuada)

Nomenclatura microbiana

Nomeação segundo o sistema de Linnaean: **Género** + **espécie**. Sempre *em itálico* (substituir por sublinhado se o itálico não estiver disponível), o género começa sempre com maiúsculas e as espécies com minúsculas.

Exemplos:

- o ***Escherichia*** (género) ***coli*** (espécie). O nome deriva de **Theodor Escherich**, bacteriologista alemão que descobriu este organismo no trato intestinal em 1885. Chamou-lhe *Bacterium coli*, mas foi posteriormente rebaptizada em sua honra. Normalmente abreviado como *E. coli*. (*E. coli* é uma bactéria que vive no cólon. Tem uma via metabólica que permite a síntese do aminoácido triptofano (Trp)
- o ***Bacillus megaterium***; um grande organismo em forma de bastonete, membro do género *Bacillus*.
- o ***Enterococcus faecalis***; organismo fecal, forma de cocos

O nome revela frequentemente um traço caraterístico.

Nota: ***Bacillus*** (um género de bactérias, em itálico) *vs* bacilos (termo geral para os bastonetes, não em itálico)

Importância dos microrganismos

Os micróbios, especialmente as bactérias e os vírus, estão entre os microrganismos modelo mais úteis para estudos genéticos.

Os micróbios têm sido amplamente utilizados para explorar a estrutura, função, regulação e evolução dos genes. Além disso, a genética microbiana é essencial para estudos de biologia molecular e manipulação de organismos eucarióticos e procarióticos e para aplicações práticas (biotecnologia) em diversas áreas das ciências da vida. São utilizadas para estudos pormenorizados de mutação, transferência de genes entre organismos, regulação de genes, etc.

Fácil de estudar: por exemplo, o ADN procariótico é circular e não está emparelhado como os cromossomas homólogos. Uma bactéria é essencialmente HAPLOIDE, o que torna muito fácil o estudo da expressão génica.

CAPÍTULO 7

PT: UNIDADE GENÉTICA: SUA ESTRUTURA E FUNÇÃO

A maioria das moléculas biologicamente importantes são polímeros - longas cadeias de subunidades semelhantes que se repetem. Existem quatro classes de moléculas importantes e comuns (moléculas da vida):

1) **Hidratos de carbono (polissacáridos)** - formados pela ligação de vários monossacáridos entre si e são utilizados na estrutura e no armazenamento de energia. Exemplos: glucose, sacarose, amido, celulose

2) **Lípidos - são** uma combinação de glicerol e ácidos gordos ou um esteroide e são utilizados no armazenamento de energia, na estrutura das membranas e no isolamento; Saturados - todas as ligações simples - sólidos à temperatura ambiente; **Insaturados** - uma ou mais ligações duplas - líquidos à temperatura ambiente; Exemplos: Hormonas, colesterol, componentes da membrana celular

3) **Proteínas -** As proteínas são polímeros formados pela ligação de vários aminoácidos; Estrutura dos aminoácidos: **NH3 - C - COOH;** Os aminoácidos diferem devido à presença de uma cadeia lateral ligada ao átomo de carbono central. A estrutura do grupo R determina as propriedades químicas do aminoácido.

Quando dois aminoácidos são unidos, a ligação formada é chamada de ligação peptídica As proteínas têm muitos níveis diferentes de organização, tais como:

A estrutura primária é a sequência de aminoácidos na cadeia polipeptídica. A sequência de grupos R determina as propriedades da proteína

A estrutura secundária é a dobragem e o enrolamento devido à formação de ligações H entre os grupos carboxilo e amino de aminoácidos não adjacentes. Os grupos R NÃO estão envolvidos.

Dois exemplos comuns são a **hélice alfa** e a **folha pregueada beta**

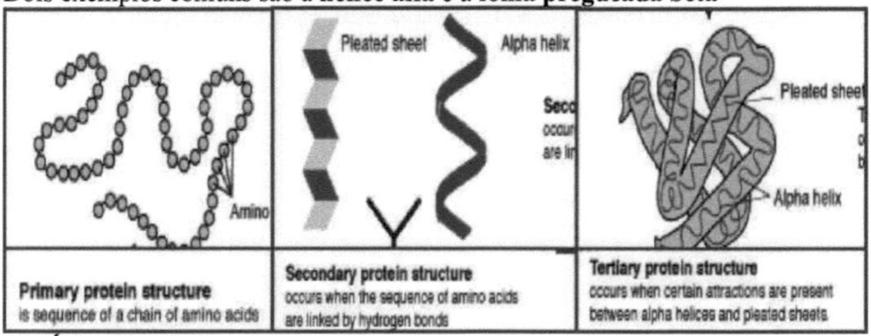

4) **Ácidos nucleicos**

Um nucleótido tem três componentes: um açúcar pentose, um grupo fosfato e uma base nucleótida

O açúcar contém cinco carbonos e chama-se **ribose**; quando a ribose não tem um átomo de oxigénio no carbono 2', chama-se **desoxirribose**. Ambos não se encontram num único ácido nucleico. Consequentemente, existem dois tipos de ácido nucleico: **o ácido ribonucleico (ARN),** que se encontra normalmente no citoplasma, e **o ácido desoxirribonucleico (ADN**), que se encontra (com poucas excepções) apenas no núcleo.

Em ambos os ácidos nucleicos, um **grupo fosfato** está ligado a cada açúcar na posição 5' (os grupos fosfato e açúcar são componentes constantes de todos os nucleótidos de um ácido nucleico)

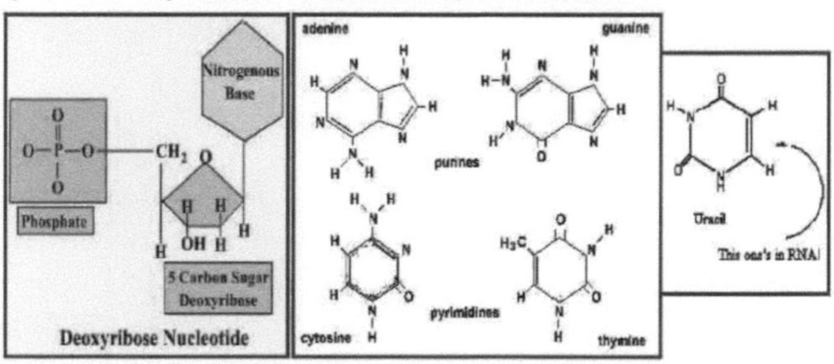

- Um **grupo** mais variável **contendo azoto** está presente ligado à posição 1' do carbono. A unidade de azoto contém um ou dois anéis carbono-nitrogénio e pode funcionar como uma base (aceitador de iões H)
- As bases que contêm um anel carbono-nitrogénio são as **pirimidinas**, e as bases com dois anéis são as **purinas**

- Os ácidos nucleicos são polímeros formados pela ligação de vários nucleótidos; os ácidos nucleicos são utilizados no armazenamento e transferência de informação genética

Exemplos: ADN - quatro bases em dupla hélice; ARN - quatro bases em cadeia simples

Os carbonos do açúcar ribose do ADN e do ARN estão numerados conforme ilustrado abaixo:

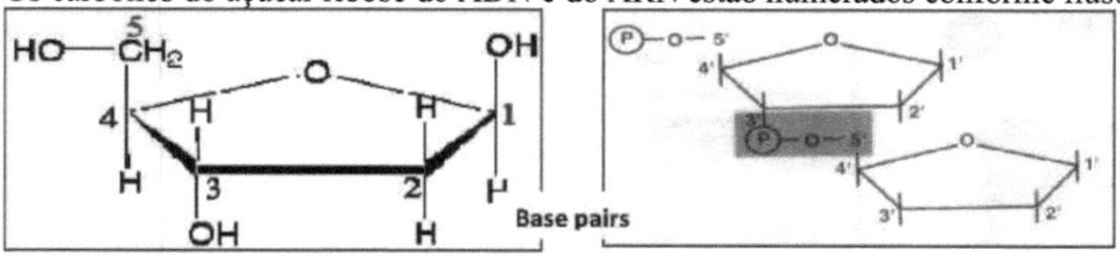

Os nucleótidos formam pares de bases:

A adenina emparelha com a timina porque fazem duas ligações de hidrogénio.

A guanina emparelha-se com a citosina porque fazem três ligações de hidrogénio.

Os pares de bases empilhados formam uma ranhura principal e uma ranhura secundária. Diferentes proteínas reguladoras ligar-se-ão à ranhura maior ou à ranhura menor.

- O carbono 3' contém um grupo -OH
- O carbono 5' é onde o grupo fosfato se liga

Quando um polímero de ADN ou ARN é criado, a ligação é formada entre o grupo 3' -OH e o grupo 5' fosfato.

Os pares de bases "empilham-se" como os degraus de uma escada.

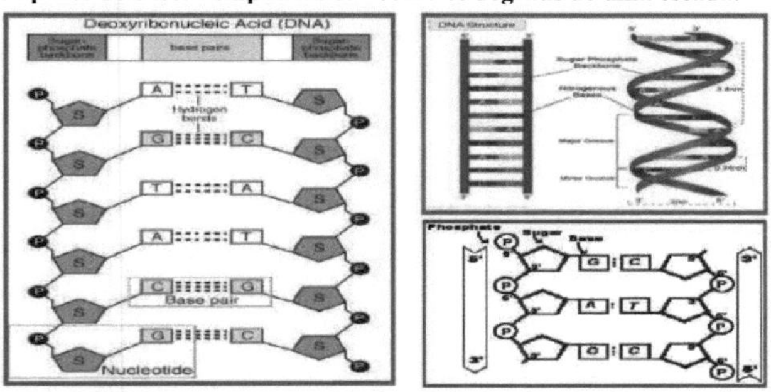

Ambos os ácidos nucleicos são polímeros de açúcar-fosfato e ambos têm bases azotadas ligadas aos açúcares da espinha dorsal - mas existem várias diferenças importantes.

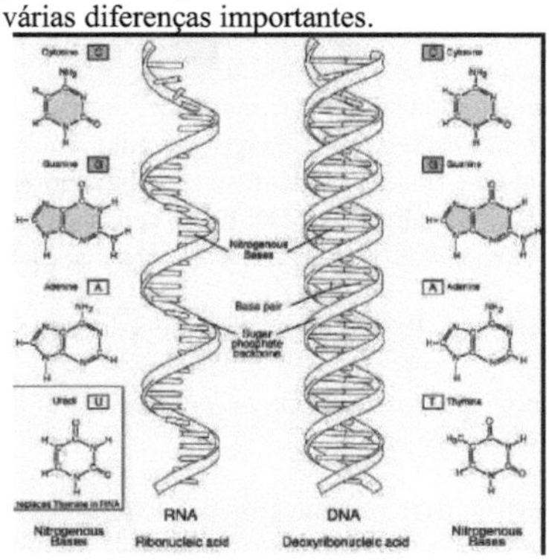

As diferenças de tamanho, estrutura e composição entre o ADN e o ARN:

ADN (ácido desoxirribonucleico)

- O açúcar é a desoxirribose; o ADN é um polímero de desoxirribonucleótidos; as bases são a adenina, a guanina, a citosina e a timina; o ADN é de cadeia dupla; contém informação codificadora de proteínas

ARN (ácido ribonucleico)

- O açúcar é a ribose; O ARN é um polímero de ribonucleótidos; As bases são a adenina, a guanina, a citosina e o uracilo (em vez da timina); As moléculas de ARN são mais pequenas (mais curtas) do que as moléculas de ADN; O ARN é de cadeia simples; Utiliza informação codificadora de proteínas

Outra diferença entre o ARN e o ADN reside na sua função:

- O ADN tem apenas uma função - ARMAZENAR INFORMAÇÃO GENÉTICA na sua sequência de bases nucleotídicas Mas existem três tipos principais de ácido ribonucleico, cada um dos quais com uma função específica.

1. RNAs ribossômicos - existem fora do núcleo, no citoplasma de uma célula, em estruturas chamadas ribossomos.
   Os ribossomas são pequenas estruturas granulares onde ocorre a síntese de proteínas. Cada ribossoma é um complexo constituído por cerca de 60% de ARN ribossómico (ARNr) e 40% de proteínas.
2. RNAs mensageiros - são os ácidos nucleicos que "gravam" a informação do DNA no núcleo da célula e a transportam para os ribossomas e são conhecidos como RNAs mensageiros (mRNA).
3. RNAs de transferência - A função dos RNAs de transferência (tRNA) é fornecer aminoácidos, um a um, às cadeias de proteínas que crescem nos ribossomas

Características de um material genético: Quatro características principais

- Replicação,
- armazenamento de informações,
- expressão da informação
- Variação por mutação

O modelo Watson-Crick do ADN

O ADN é composto por quatro nucleótidos: adenina (A), guanina (G), timina (T) e citosina (C)

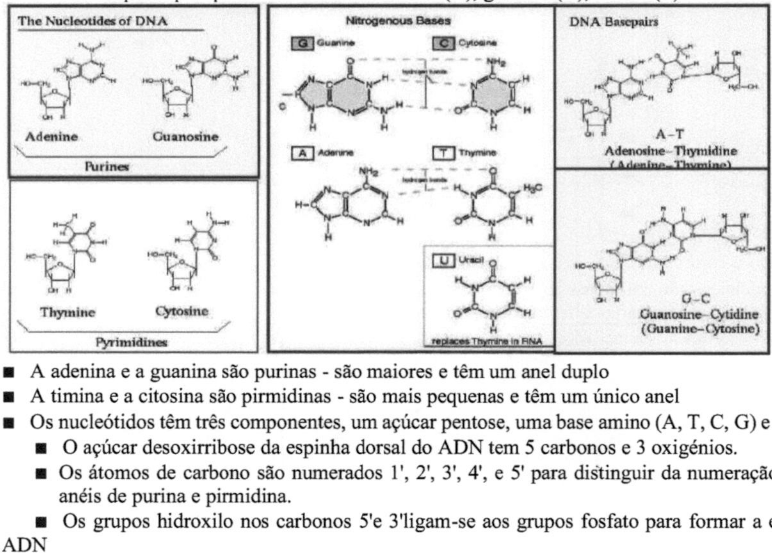

- A adenina e a guanina são purinas - são maiores e têm um anel duplo
- A timina e a citosina são pirmidinas - são mais pequenas e têm um único anel
- Os nucleótidos têm três componentes, um açúcar pentose, uma base amino (A, T, C, G) e um grupo fosfato
  - O açúcar desoxirribose da espinha dorsal do ADN tem 5 carbonos e 3 oxigénios.
  - Os átomos de carbono são numerados 1', 2', 3', 4', e 5' para distinguir da numeração dos átomos dos anéis de purina e pirmidina.
  - Os grupos hidroxilo nos carbonos 5'e 3'ligam-se aos grupos fosfato para formar a espinha dorsal do ADN
  - A desoxirribose carece de um grupo hidroxilo na posição 2'- quando comparada com a ribose, o componente de açúcar do ARN

Estrutura da desoxirribose

- Os nucleótidos estão dispostos numa dupla hélice antiparalela, com a adenina emparelhada com a timina e a guanina emparelhada com a citosina através de ligações de hidrogénio
- Uma purina emparelha-se sempre com uma pirmidina (A-T tem duas ligações H, G-C tem três ligações H) Uma cadeia vai de 5' a 3' enquanto a outra vai de 3' a 5'

Replicação do ADN

Foi provado que o ADN era o material hereditário e que Watson et al. tinham decifrado a sua estrutura. É também muito importante saber que a replicação do ADN não é um processo passivo e espontâneo. Envolve muitos blocos de construção, enzimas e uma grande quantidade de energia ATP (após a fase S do ciclo celular,

as células têm uma fase G para regenerar energia para a divisão celular). São necessárias muitas enzimas para desenrolar a dupla hélice e sintetizar uma nova cadeia de ADN. Os nucleótidos têm de estar reunidos e disponíveis no núcleo, juntamente com energia para fazer ligações entre os nucleótidos.
A replicação do ADN é conservadora, semi-conservadora ou dispersiva?
Três modelos de replicação de moléculas de ADN foram considerados prováveis
(Cada um obedecendo às regras de emparelhamento de bases complementares)

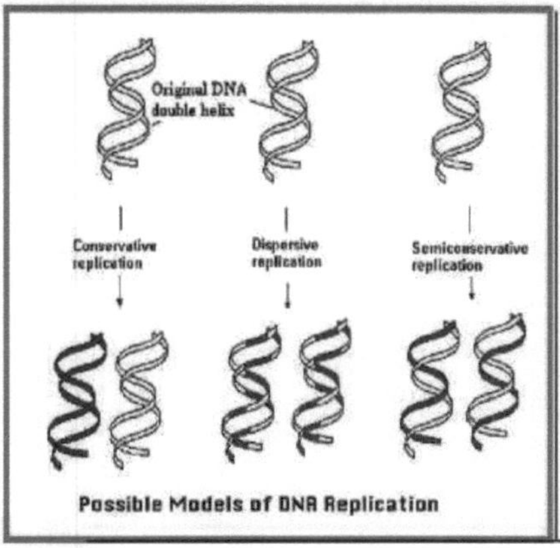

Conservador - a cadeia antiga actua como um modelo

Uma cadeia filha é o modelo original, enquanto a outra cadeia é composta inteiramente de novos nucleótidos

Modelo Dispersivo

Cada fita de ambas as moléculas filhas contém uma mistura de partes de ADN antigas e recém-sintetizadas

Figura 11 Replicação do ADN

Conclusão: Cada cadeia actua como um modelo para a síntese de uma nova molécula de ADN através da adição sequencial de pares de bases complementares, gerando assim uma nova cadeia de ADN que é a sequência complementar do ADN parental. Cada molécula de ADN filha termina com uma das cadeias originais e uma nova cadeia sintetizada.

Fazer cópias

Quando o ADN é copiado, os degraus da escada partem-se ao meio e os montantes separam-se. Novas bases são combinadas com as bases expostas em cada vertical, e a molécula de ADN original transforma-se em duas novas moléculas de ADN idênticas. São necessárias muitas enzimas para desenrolar a dupla hélice e para sintetizar uma nova cadeia de ADN

Algumas das Enzimas de Replicação do ADN são:

- A topoisomerase é responsável pela eliminação do enrolamento excessivo do ADN.
- A helicase efectua o desenrolamento da cadeia dupla original, uma vez eliminado o enrolamento em espiral pela topoisomerase

As polimerases do ADN abrem a hélice quebrando as ligações H entre as bases. Depois de as polimerases terem aberto a molécula, forma-se uma zona designada por bolha de replicação (iniciada sempre num determinado conjunto de nucleótidos, a origem da replicação). A ADN polimerase avança ao longo de uma molécula de ADN de cadeia simples, recrutando dNTP livres (desoxi-nucleótido-trifosfatos) para se ligarem por hidrogénio ao seu dNTP complementar apropriado na cadeia simples (A com T e G com C) e para formarem uma ligação fosfodiéster covalente com o nucleótido anterior da mesma cadeia. A energia armazenada no trifosfato é utilizada para ligar covalentemente cada novo nucleótido à segunda cadeia em crescimento. Existem diferentes formas de ADN polimerase, mas é a ADN polimerase III que é responsável pela síntese progressiva de novas cadeias de ADN.

- A DNA polimerase é, na realidade, um agregado de várias subunidades proteicas diferentes, pelo que é frequentemente designada por holoenzima. A holoenzima também tem actividades de revisão, para se certificar de que inseriu a base correcta, e actividades de nuclease (excisão de nucleótidos), para poder eliminar quaisquer erros que possa ter cometido.
- **A primase** liga um pequeno primer de ARN ao ADN de cadeia simples para atuar como um substituto 3'OH para a ADN polimerase começar a sintetizar.
- **A ligase** pode catalisar a formação de uma ligação fosfodiéster a partir de um 3'OH e de um 5'fosfato não ligados, mas adjacentes.
- **As proteínas de ligação de cadeia simples** são importantes para manter a estabilidade da forquilha de

replicação. O ADN de cadeia simples é muito lábil, ou instável, pelo que estas proteínas se ligam a ele enquanto permanece de cadeia simples e impedem-no de ser degradado.

- **A velocidade de replicação** varia entre procariotas e eucariotas

As etapas da replicação do DNA (A hélice desenrolada, com cada fita sendo sintetizada em uma nova hélice dupla, é chamada de forquilha de replicação)

Crescimento das forquilhas de replicação à medida que o ADN é replicado base a base

- As enzimas revêem o ADN durante a sua replicação e reparam os danos no ADN existente
- A especificidade do emparelhamento de bases tem uma taxa de erro de um em 10.000 pares de bases. No entanto, os erros só ocorrem em um em cada 1.000.000.000 de pares de bases (um em mil milhões). Os erros podem dever-se a

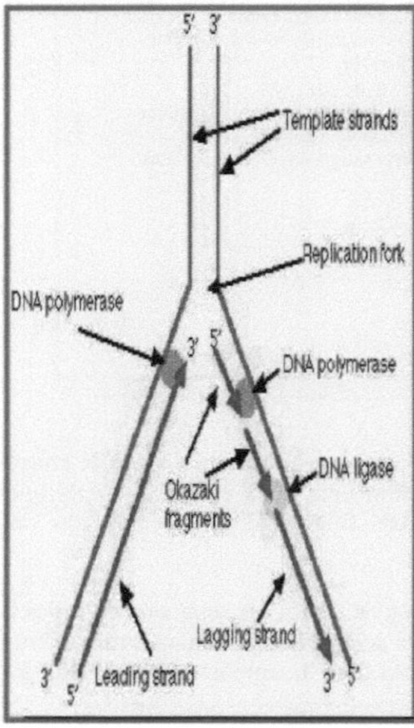

Uma porção da dupla hélice é desenrolada por uma helicase.
Uma molécula de ADN polimerase liga-se a uma cadeia do ADN e começa a mover-se ao longo dela na direção 3' a 5', utilizando-a como modelo para montar uma cadeia principal de nucleótidos e reformar uma dupla hélice.
Como a síntese de DNA só pode ocorrer de 5' a 3' (as fitas de DNA são antiparalelas), uma segunda molécula de DNA polimerase é usada para se ligar à outra fita molde à medida que a dupla hélice se abre. Esta molécula deve sintetizar segmentos descontínuos de polinucleótidos (chamados fragmentos de Okazaki). Uma outra enzima, a ADN ligase, junta-os para formar a cadeia de atraso

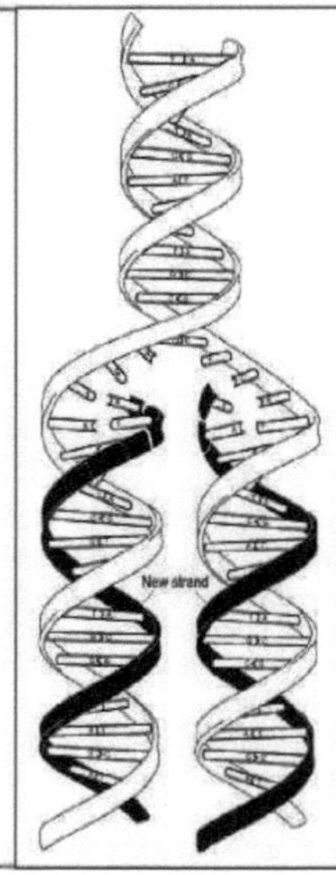

- Reparação de incompatibilidades - durante a replicação do ADN, a ADN polimerase revê o ADN assim que este é adicionado à cadeia, procurando incompatibilidades. Quando encontra, a polimerase remove o nucleótido incompatível, adiciona um nucleótido correto e continua a sintetizar o ADN. Só na E. coli são conhecidas mais de 100 enzimas de reparação do ADN!

A Colaboração das Proteínas durante a Replicação

Quando o ADN se replica, muitas proteínas diferentes trabalham em conjunto para realizar os seguintes passos: As duas cadeias parentais são desenroladas com a ajuda de hélices de ADN.

1. As proteínas de ligação do ADN de cadeia simples ligam-se às cadeias desenroladas, impedindo-as de se voltarem a enrolar.
2. As cadeias são mantidas em posição, ligando-se facilmente à ADN polimerase, que catalisa o alongamento das cadeias principal e secundária. (A DNA polimerase também verifica a exatidão do seu próprio trabalho!).
3. Enquanto a polimerase do ADN na cadeia principal pode funcionar de forma contínua, o iniciador de ARN é necessário repetidamente na cadeia secundária para facilitar a síntese dos fragmentos de Okazaki. A DNA primase, que é um dos vários polipéptidos unidos num grupo chamado primossomas, ajuda a construir o primer.

Por fim, cada novo **fragmento de Okazaki** é ligado à porção completa da cadeia de atraso numa reação catalisada pela **DNA ligase.**

O código genético

O que é o **código genético**?

Como é que a informação que está codificada no ADN é utilizada para dirigir a síntese proteica?

- Nos procedimentos experimentais utilizados para determinar o código genético, foi utilizado o ARN, pelo que o código genético é dado em termos de ARN.
- Um codão é a unidade de codificação, ou a sequência de bases específica que codifica um aminoácido.
- Dado que existem apenas quatro bases no ARN (A, U, C e G) e 20 aminoácidos, era evidente que era necessária mais do que uma base para especificar um aminoácido

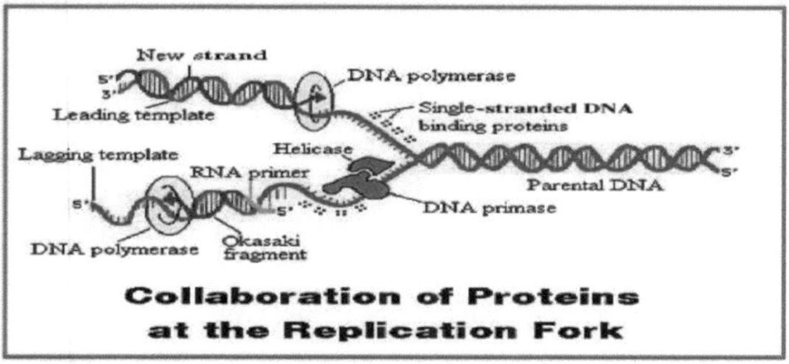

- O número mínimo de bases por código era de três
- 64 combinações possíveis adequadas para codificar os 20 aminoácidos.
- Um códon (AUG) especifica o início da tradução, enquanto três outros (UGA, UAA, UAG) interrompem a tradução, ou seja, 61 dos ARNt codificam aminoácidos específicos e 3 codificam a terminação da cadeia em resultado do emparelhamento com "códons de paragem", assinalando o fim da mensagem de ARNm.
- Mais do que um codão codifica um determinado aminoácido. Acontece que este facto não é aleatório. Os organismos diferem na frequência com que utilizam um determinado codão
- Os aminoácidos estão a flutuar livremente no citoplasma.

Tabela 18 Mostra que codões codificam que aminoácidos:

AMINOÁCIDO	**CÓDON DE ARN**
ALANINA	GCC, GCA, GCG, GCU
ARGINA	AGA, AGG, CGU, CGA, CGC, CGG
ASPARAGINA	AAC, AAU
ÁCIDO ASPÁRTICO	GAC, GAU

CISTEÍNA	UGC, UGU
ÁCIDO GLUTAMICO	GAA, GAG
GLUTAMINA	CAA, CAG
GLICINA	GGA, GGC, GGG, GGU
HISTIDINA	CAC, CAU
ISOLEUCINA	AUA, AUC, AUU
LEUCINA	UUA, UUG, CUA, CUC, CUG, CUU
LICINA	AAA, AAG
METIONINA ***(INÍCIO)***	AUG
FENILALANINA	UUC, UUU
PROLINA	CCA, CCC, CCG, CCU

SERINE	UCA, UCC, UCG, UCU, AGC, AGU
THREONINE	ACA, ACC, ACG, ACU
TRYPTOPHAN	UGG
TYROSINE	UAC, UAU
VALINE	GUA, GUC, GUG, GUU
PARAR	UAA, UAG, UGA

O dogma central da biologia molecular:

D N A--transcrição - R N *A--tradução---Prote* ¡ n

- Este é um dos conceitos fundamentais da biologia molecular
- Todos os fenótipos visíveis (e os que não se vêem também!) são o resultado da ação das enzimas, que são catalisadores proteicos que regulam todas as funções do organismo
- Qualquer alteração deste processo pode afetar a formação de proteínas e, consequentemente, a expressão do fenótipo
- Transcrição - a síntese de ARN sob a direção do ADN

Tradução - a síntese real de uma proteína, que ocorre sob a direção do ARNm

Os jogadores

- ADN - dois filamentos, o filamento codificador e o filamento molde
  - A cadeia molde é utilizada como modelo na síntese do ARNm
  - A cadeia codificadora não é utilizada como modelo, mas é idêntica em sequência ao ARNm, exceto que todos os U's são T's
- ARN - semelhante ao ADN, mas menos estável (o oxigénio extra na molécula torna-o mais reativo). Quatro nucleótidos (AUCG) - A=T, C=G.
- O gene - uma série de bases numa cadeia de ADN que codifica uma proteína
  Região promotora - região do ADN geralmente a montante do gene que regula a atividade do gene
- RNA polimerase - uma enzima que lê o ADN e produz uma cadeia complementar de ARN mensageiro (ARNm) durante a transcrição
- ARNm - o produto de ARN da transcrição
- Ribossoma - lê a mensagem de ARNm e ajuda na síntese de proteínas
- ARNt - utilizado na síntese de proteínas - transporta aminoácidos

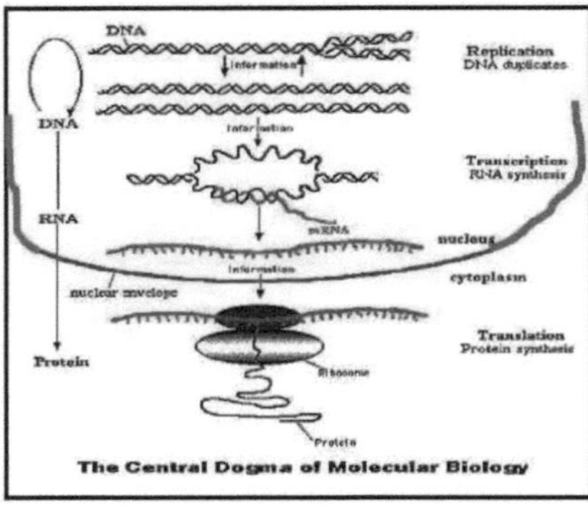

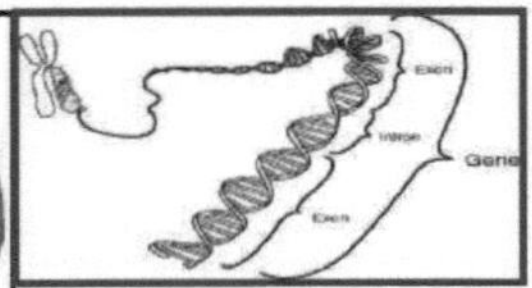

Transcrição
A RNA polimerase liga-se à região promotora e força a separação das duas cadeias de ADN

- A polimerase do ARN só se pode ligar a uma das cadeias de ADN na extremidade 3' (de modo que o ARNm transcrito será construído de 5' a 3')
- O trecho de DNA que será transcrito é conhecido como unidade de transcrição
- O promotor inclui o ponto de início da transcrição (AUG) e estende-se normalmente por várias dezenas de bases "a montante"

A RNA polimerase liga-se ao ADN e começa a sintetizar o ARNm

- O conjunto completo de factores de transcrição (muitas proteínas) e a RNA polimerase ligada ao promotor é conhecido como o complexo de iniciação da transcrição

Quando a RNA polimerase termina, o mRNA sai e é modificado ou imediatamente utilizado para formar proteínas

- A transcrição em procariotas termina imediatamente após a transcrição da sequência de paragem
- Nos eucariotas, a transcrição geralmente precede pelo menos 30 pb após o sinal de paragem do ARN.

S Existe normalmente uma sequência AAUAAA transcrita no ARNm (TTATTT no ADN); a transcrição termina pouco tempo depois

O ARNt é o intérprete dos códons contidos num ARNm
Ribossomas
A estrutura de um ribossoma reflecte a sua função de reunir o ARNm com ARNt carregados.
Cada ribossoma tem três sítios de ligação para o ARNt

- O local P (peptidil) - contém o ARNt que transporta o polipéptido em crescimento
- O sítio A (aminoacilo) - contém o ARNt que transporta o aminoácido seguinte a adicionar à cadeia
- O local E (saída) - os ARNt descarregados deixam o ribossoma através deste local recentemente descoberto

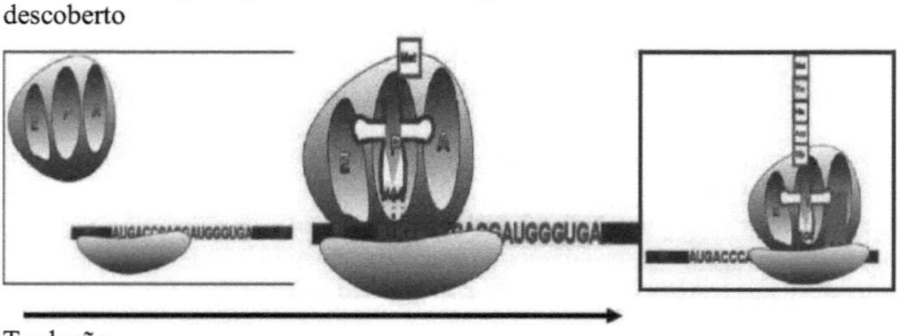

Tradução

- Iniciação - Ribossoma + ARNm + ARNt juntam-se no códão de início AUG
  - *f* Em primeiro lugar, a subunidade pequena liga-se tanto ao ARNm como a um ARNt iniciador especial
  - *f* Em seguida, a subunidade grande liga-se à subunidade pequena + ARNm + ARNt
  - *f* As proteínas chamadas factores de iniciação são necessárias para reunir todos estes componentes

- Alongamento - **o** ARNt com anticódão entra no sítio A
  f o ARNm no local A forma ligações de hidrogénio com o ARNt carregado
  se for necessário um GTP para fixar o ARNt no sítio A
  O ARNf actua como catalisador e catalisa a formação da ligação peptídica e quebra a ligação entre a cadeia polipeptídica e o ARNt no local P
- Translocação - todo o sistema se desloca para baixo, de modo a que o ARNt que se encontrava no local A esteja agora no local P f O ciclo repete-se até ser atingido o códão STOP
- Terminação - quando é encontrado um codão de paragem
  f Os factores de libertação ligam-se ao códão - não existem ARNt com anticódões para os factores de paragem
  f O fator de libertação provoca a adição de uma molécula de água em vez de um aminoácido à cadeia polipeptídica.
  f Toda a cadeia polipeptídica cai

O resto do conjunto de tradução é então desmontado

Elementos genéticos extranucleares e hereditariedade

Existem genes localizados fora do núcleo (ou seja, não nos cromossomas principais):

- Genomas mitocondriais (mtDNA); por exemplo, várias doenças humanas foram localizadas no genoma mtDNA (fraqueza muscular, epilepsia, etc.)
- Genomas de cloroplastos (cpDNA); o cpDNA contém cerca de 10 vezes mais genes do que o mtDNA. O número típico de genes é de cerca de 140, divididos da seguinte forma: 4 rRNA, genes, 30 tRNAs, 90 genes codificadores de proteínas, 20 dos quais codificam para a fotossíntese e funções de transporte de electrões.
- plasmídeos extranucleares e outros factores

Herança extranuclear (herança citoplasmática ou extracromsómica)

- O mtDNA e o cpDNA são quase sempre herdados de forma uniparental, com apenas um sexo (tipicamente a fêmea) a transmitir os genomas à sua descendência.
- O citoplasma fornecido pela fêmea contém vários componentes
  f ADN do mt, e (nas plantas) cpDNA
  f ARNm, proteínas e outros factores de desenvolvimento precoce

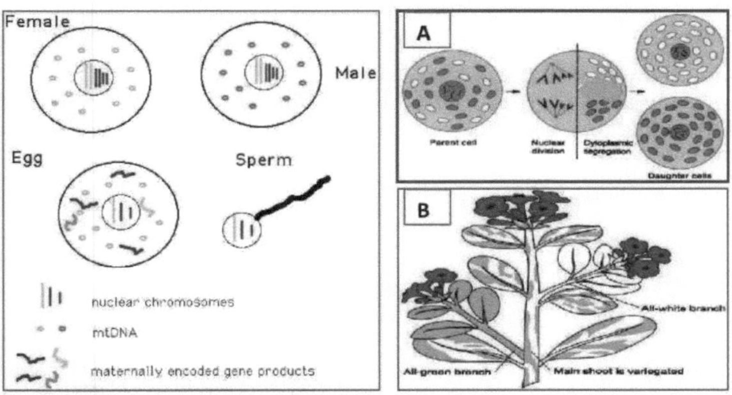

Figura 12 Herança nuclear extra

A) A segregação em elementos extranucleares ocorre por mecanismos diferentes dos cromossomas nucleares. Assim, após uma divisão celular mitótica, podemos obter dois tipos diferentes de células extra-nucleares

B) Um exemplo de genes de cloroplastos: Padrões variados nas plantas

Dados clássicos da planta das quatro horas por Correns (1909)

Três tipos de ramos observados:

- totalmente verde
- verde e branco (variegado)
- totalmente branco

Utilizando as flores destes três tipos de ramos, podem ser efectuados cruzamentos entre os três tipos de progenitores, tendo sido observados os seguintes dados

Quadro 19 Resultados do cruzamento de flores em plantas o'clock variegadas

Phenotype of branch bearing egg parent (♀)	Phenotype of branch bearing pollen parent (♂)	Phenotype of progeny
White	White	White
White	Green	White
White	Variegated	White
Green	White	Green
Green	Green	Green
Green	Variegated	Green
Variegated	Green	Variegated, green, or white
Variegated	Green	Variegated, green, or white
Variegated	Variegated	Variegated, green, or white

O fenótipo da descendência é inteiramente determinado pelo progenitor feminino:

- fêmeas brancas --> todos os descendentes brancos
- fêmeas verdes --> toda a descendência verde
- fêmeas variegadas --> descendência branca, verde e variegada

Este tipo de padrão é conhecido como herança materna, em que o fenótipo da descendência é inteiramente uma função do genótipo materno.

Os dados das quatro horas são explicados por dois factores

- O verde e o branco são codificados por alelos alternativos no cpDNA
- Os cloroplastos são herdados estritamente por via materna. Apenas os cloroplastos do progenitor feminino são transmitidos aos descendentes.

CAPÍTULO 8

MUTAÇÃO

- A mutação é qualquer alteração na sequência do ADN que codifica um gene (os genes mudam de uma forma alélica para outra)
- O fenótipo do organismo foi alterado
- Na verdade, o gene é composto por muitas unidades individuais, e alterações específicas nessas unidades podem levar a vários fenótipos mutantes
- As unidades são nucleótidos
- A compreensão da natureza das mutações é importante para o conhecimento de um gene

Classificação das mutações

1. As células de organismos multicelulares (eucariotas) podem pertencer a:
   - A linha germinal que contribui com informação genética para as gerações futuras (mutação germinal - afecta a produção de gâmetas); ou
   - A linha de células somáticas que nunca contribuem com informação genética para as gerações futuras

(mutação somática) As mutações podem ocorrer em qualquer tipo de célula. Os tumores cancerosos são uma classe única de mutações somáticas. O tumor surge quando um gene envolvido na divisão celular sofre uma mutação. Todas as células filhas contêm esta mutação. A divisão celular descontrolada resulta num tumor que é um conjunto de células indiferenciadas chamadas células tumorais.

2. Classificação baseada em natural ou estimulada:

Mutação espontânea - o aparecimento de uma nova mutação é um acontecimento raro) e
Mutações induzidas - criadas por cientistas através do tratamento de um organismo com um agente mutagénico
Por exemplo, os agentes mutagénicos químicos funcionam principalmente através da indução de mutações pontuais, ou seja, quando um único par de bases de um gene é alterado, ou de deleções (perda de um segmento cromossómico).

3. Classificação das mutações com base nos efeitos funcionais da alteração:
   - As mutações morfológicas afectam o aspeto exterior de um indivíduo (o alto passa a baixo ou o liso passa a redondo).
   - As mutações bioquímicas têm uma lesão num passo específico de uma via enzimática (por exemplo,

albinismo humano) 4. Outro sistema de classificação das mutações:
Utilizando o estado "normal" ou mais comum como ponto de referência, o estado normal é designado por "tipo selvagem".

- A mudança do tipo selvagem para a forma mutante é chamada de mutação para a frente
- A mudança de volta ao tipo selvagem é chamada de reversão ou mutação de retorno.

Alterações cromossómicas: estrutura e número

1. Aberrações estruturais:
   - Os cariótipos (caraterização dos cromossomas de um organismo, normalmente de uma célula mitótica em metáfase) são frequentemente utilizados para detetar situações anómalas e alterações na estrutura dos cromossomas
   - A maioria destas aberrações envolve quebras simultâneas da dupla fita na molécula de ADN.

Deleções ou deficiências: Falta um segmento de cromossoma.
Duplicações: Uma cópia extra de um segmento de ADN em tandem está presente num cromossoma.
Inversões: Um segmento de cromossoma quebrado parte-se, é invertido 180° e volta a inserir-se no cromossoma.

2. Aberrações numéricas: Alterações no número de cromossomas

Podemos classificar os desvios do número de cromossomas a dois níveis principais:
a) Euploidia: Alterações no número de conjuntos completos de cromossomas.
O número de cromossomas de um conjunto básico é designado por conjunto monoplóide e é representado por **x.** Os indivíduos com um conjunto monoplóide ou com múltiplos de conjuntos monoplóides são designados por euplóides.
Dependendo do seu número de genomas, podemos classificar os indivíduos da seguinte forma:
Monoplóides, que possuem um único conjunto de cromossomas, designados 1x. Diploides, que têm 2 conjuntos de cromossomas, designados por 2x. A maioria dos eucariotas são diplóides. Poliplóides, indivíduos com mais de 2 conjuntos de cromossomas. Podem ser: triploides (3x), tetraploides (4x), pentaploides (5x), etc. Muitas espécies de plantas são poliplóides.
O número haploide "n" refere-se ao número de cromossomas nos gâmetas, ou número gamético. Na maioria

dos animais e plantas, o seu número haploide é o mesmo que o seu número monoplóide, ou seja: n=x

O número somático "2n" refere-se ao número de cromossomas nas células somáticas de um indivíduo. Para a maioria dos indivíduos 2n=2x.

Número somático= número de conjuntos de cromossomas= número real de cromossomas

Por exemplo, a batata cultivada inclui espécies que vão desde diploides a hexaploides. O número de cromossomas por conjunto ou genoma nestas espécies é x=12.

Portanto, as batatas diplóides têm nas suas células somáticas: 2n=2x=24 cromossomas, enquanto que as batatas tetraplóides têm: 2n=4x=48 cromossomas.

b) Aneuploidia: Alterações do número de cromossomas nos conjuntos ou genomas.

Os aneuplóides resultam principalmente de acidentes meióticos, em que os cromossomas não se juntam, resultando na não-disjunção de pelo menos um par de cromossomas.

Os tipos mais comuns de aneuploidias são:

I. Nullisómica: expressa em 2n-2.

II. Monossómicos, falta um homólogo, expresso como 2n-1.

Trissómicos: Indivíduos com um cromossoma extra. Um par tem três em vez de dois cromossomas, expressos como 2n+1

Mutação ao nível do gene

Mutação genética: Alteração nos genes causada por uma alteração na estrutura do ADN.

- A(s) base(s) no ADN é(são) alterada(s) para outra(s), ou uma base é(são) adicionada(s) ou removida(s) devido à exposição a agentes mutagénicos
- As mutações são alterações hereditárias no material genético

As macroalterações são grandes alterações, como duplicações, deleções, inversões ou rearranjos de um grande número de bases. As microalterações envolvem pares de bases individuais.

Taxa de mutação

A taxa de mutação é medida de várias formas diferentes. Cada uma delas produzirá um tipo de resposta útil para um objetivo diferente.

- Ao comparar taxas de mutação, por exemplo, para determinar se uma substância é mutagénica, utilize as mesmas unidades, ou seja, utilize as mesmas técnicas de medição. É igualmente essencial efetuar comparações directas.
- Algumas formas de expressar as taxas de mutação incluem a frequência média de um evento mutacional por nucleótido incorporado, por célula, por gâmeta, por indivíduo ou por geração.

Mutagénicos ou agentes mutagénicos

- Trata-se de substâncias, condições e formas de energia que aumentam significativamente a frequência das mutações.
- Exemplos de formas de energia são a luz ultravioleta, os raios X, a energia cósmica, a radiação gama, as partículas alfa, as partículas beta e os neutrões
- São exemplos de substâncias mutagénicas o ácido nitroso, a hidroxilamina, o metanossulfonato de etilo, o 5-bromouracil, o aipo, o benzo (a) pireno, os corantes acridínicos, os amendoins ou a manteiga de amendoim contaminados por fungos, o gás mostarda, os subprodutos da combustão, alguns insecticidas utilizados no passado e certos poluentes da água.

A taxa de mutação natural ou basal: mutações que ocorrem durante a replicação do DNA devido a erros da DNA polimerase. Por conseguinte, as mutações ocorrerão a um determinado nível, mesmo na ausência de agentes mutagénicos.

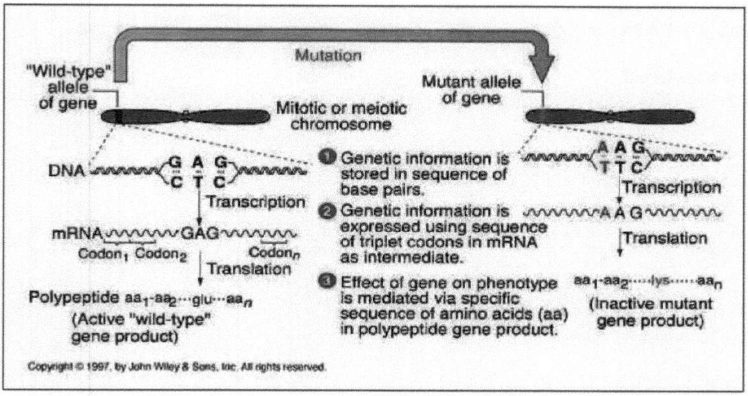
Mutation
"Wild-type" allele of gene
Mutant allele of gene
Mitotic or meiotic chromosome
DNA
G A G
C T C
A A G
T T C
Transcription
mRNA GAG
Codon1 Codon2 Codonn
Translation
Polypeptide aa1-aa2···glu···aan
(Active "wild-type" gene product)
1 Genetic information is stored in sequence of base pairs.
2 Genetic information is expressed using sequence of triplet codons in mRNA as intermediate.
3 Effect of gene on phenotype is mediated via specific sequence of amino acids (aa) in polypeptide gene product.
A A G
Translation
aa1-aa2·····lys·····aan
(Inactive mutant gene product)
Copyright © 1997, by John Wiley & Sons, Inc. All rights reserved.

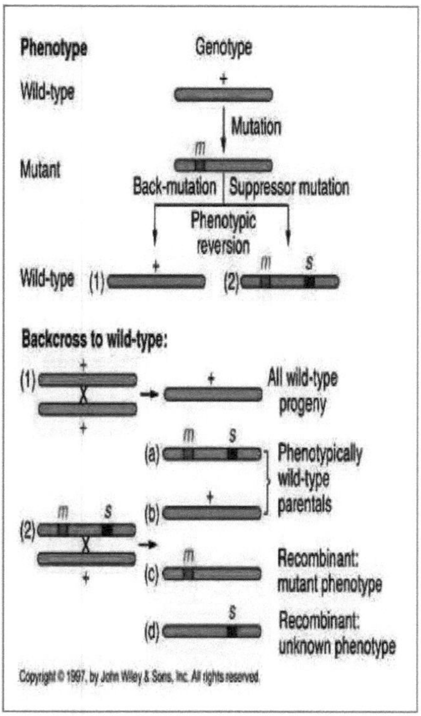
Phenotype
Genotype
Wild-type
+
Mutation
m
Mutant
Back-mutation
Suppressor mutation
Phenotypic reversion
Wild-type (1) + (2) m s
Backcross to wild-type:
(1)
All wild-type progeny
(a) m s
(b) +
Phenotypically wild-type parentals
(2) m s
(c) m
Recombinant: mutant phenotype
(d) s
Recombinant: unknown phenotype
Copyright © 1997, by John Wiley & Sons, Inc. All rights reserved.

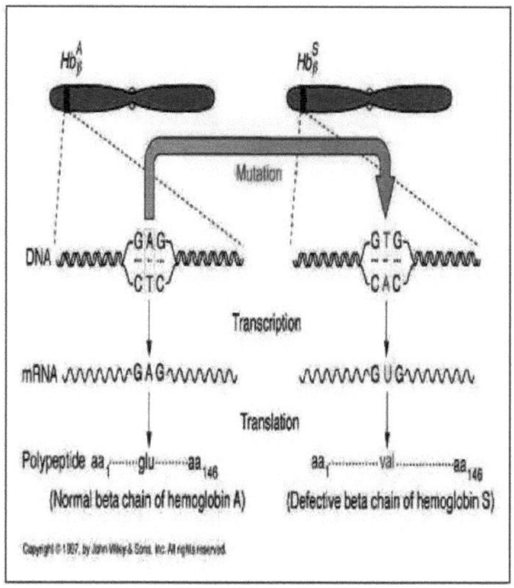
Hb_{β}^{A}
Hb_{β}^{S}
Mutation
DNA
GAG
CTC
GTG
CAC
Transcription
mRNA GAG
GUG
Translation
Polypeptide aa_1·····glu·····aa_{146}
(Normal beta chain of hemoglobin A)
aa_1·····val·····aa_{146}
(Defective beta chain of hemoglobin S)
Copyright © 1997, by John Wiley & Sons, Inc. All rights reserved.

Mutações ao nível do par homólogo

Monossomia - um homólogo; falta o parceiro; trissomia - três homólogos; nulissomia - falta um par homólogo inteiro.

Como é que isso pode acontecer?

Não-disjunção (um ou ambos os homólogos migram para o mesmo gâmeta)

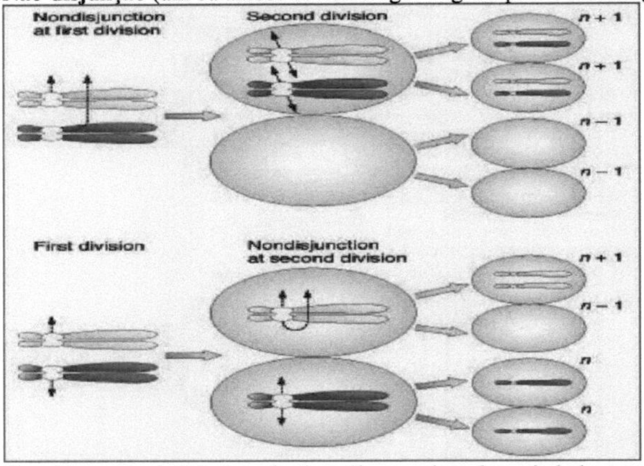

Homólogo retardatário (um dos homólogos migra demasiado lentamente para o seu gâmeta e não chega à zona nuclear antes de o invólucro nuclear se voltar a formar. É deixado à deriva no citoplasma.

Mutações/alterações ao nível de todo o conjunto de cromossomas: euploidia aberrante

- Um conjunto de cromossomas: HAPLOIDIA
- Dois conjuntos de cromossomas: DIPLOIDIA
- Conjuntos múltiplos de cromossomas: POLIPLOIDIA (Pode especificar o número de conjuntos!)
- Na maioria dos animais, a poliploidia é letal.
- A haploidia é normal em algumas espécies, como as abelhas melíferas (zangões), mas não é comum
- Nas plantas, a poliploidia é um importante mecanismo de especiação.

Há três formas gerais em que isso pode acontecer:

1. Autopoliploidia (todos os conjuntos de cromossomas da mesma espécie)

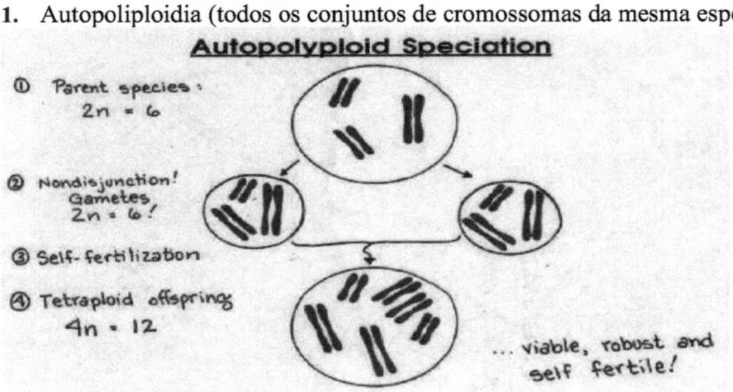

2. Alopoliploidia (conjuntos de cromossomas de espécies diferentes) - duas formas deste tipo

Normalmente, uma planta poliploide é muito maior, mais robusta e saudável do que o seu parental diploide!

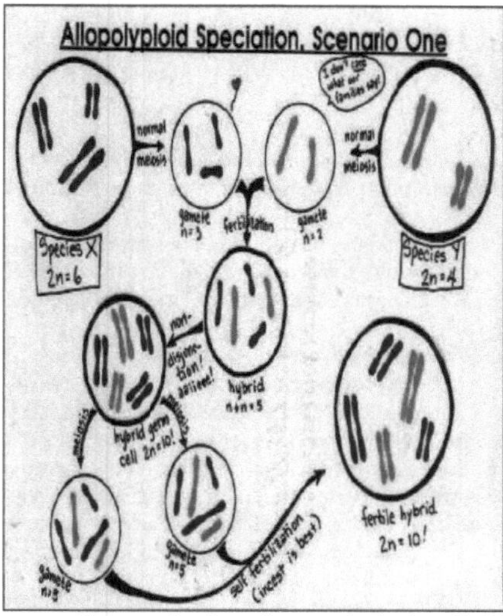

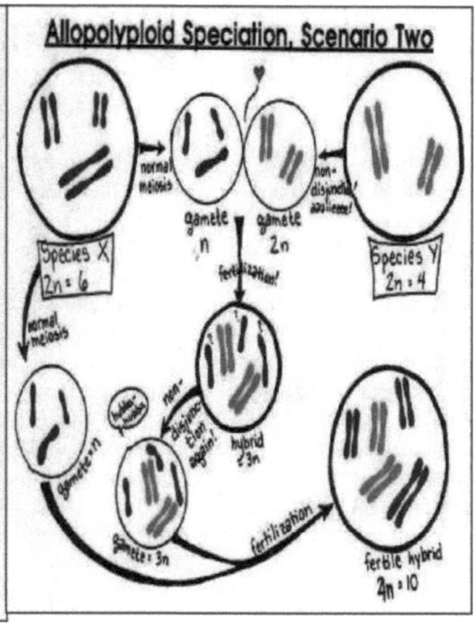

Alguns animais podem produzir alopoliplóides

- Cavalo x burro dá origem a uma mula, mas estas são estéreis, com raríssimas excepções.
- Uma fêmea de cavalo (*Equus caballus*) cruzada com um macho de burro (*Equus asinus*) dará origem a uma mula...
- Um cavalo macho (*Equus caballus*) cruzado com uma burra fêmea (*Equus asinus*) dará origem a um Hinny

Cada espécie tem um número de cromossomas distinto:

Cavalo, *Equus caballus* 2n = 64
Burro, *Equus asinus* 2n = 62
Zebra de Grevy, *Equus grevyi* 2n = 46
Zebra das planícies, *Equus burchelli* 2n = 44
Zebra de montanha, *Equus zebra* 2n = 32

- Um burro (Equus asinus) cruzado com uma zebra (E. burchelli, E. grevyi, ou E. zebra) dá origem a um "Zeedonk"

CAPÍTULO 9

INTRODUÇÃO À IMPORTÂNCIA BIOTECNOLÓGICA DA GENÉTICA NO MELHORAMENTO VEGETAL

Introdução

Novas ferramentas biotecnológicas para o melhoramento de plantas: Desde a década de 1970, os seres humanos têm vindo a desenvolver técnicas que lhes permitem manipular os genes e modificá-los de forma (algo) previsível e direccionada.

A biotecnologia é, *no sentido mais lato*, a utilização de organismos vivos ou dos seus processos ou componentes vitais para obter produtos úteis. Na utilização moderna atual, *a biotecnologia* é identificada com técnicas que, coletivamente, permitem a identificação precisa, o isolamento, a alteração e a reintrodução de características hereditárias em organismos vivos para fins específicos.

Esta definição pode incluir actividades tão diversas como a produção de vinho, cerveja ou pão; a compostagem de materiais orgânicos; a libertação de vespas parasitas para controlar pragas de insectos; a reprodução de plantas ou animais; e a produção de culturas e gado. Com o aumento dos conhecimentos de *genética*, os criadores de plantas deste século aceleraram o melhoramento das culturas para aumentar o rendimento e a qualidade. As novas técnicas de *ADN recombinante* permitem agora a identificação específica, o isolamento e a alteração de genes e a sua reintrodução em organismos vivos para produzir variedades transgénicas. Estas novas técnicas estão a complementar e a alargar os métodos tradicionais de melhoramento para aumentar a produção de alimentos, fibras e outros produtos agrícolas. Os agricultores dos Estados Unidos, Canadá, Argentina e outros países adoptaram rapidamente variedades de culturas transgénicas

Poucos termos:

- **Engenharia ou modificação genética:** Método laboratorial que permite isolar pequenas secções (genes) do material genético de qualquer organismo e transferi-las para as células de um organismo diferente, alterando assim as suas características; utilizado para aumentar a produção de alimentos vegetais e animais.
- ***O ADN recombinante*** é produzido através da junção de um fragmento de ADN de interesse numa molécula pequena e de replicação rápida (como um plasmídeo bacteriano). É possível produzir grandes quantidades de um determinado fragmento de ADN de interesse através da sua ligação a um pedaço de ADN muito "ocupado".
- **Organismos geneticamente modificados (OGM):** Organismos em que foi inserido pelo menos um gene estranho.
- Diz-se que um organismo que contém um pedaço de ADN estranho, inserido artificialmente, é TRANSGÉNICO
- **Sequência (ADN ou proteína) -** A ordem exacta das bases de um ácido nucleico ou dos aminoácidos de um polipeptídeo proteico

Exemplos:

- Resistência selectiva aos herbicidas, aumento do rendimento e da qualidade, arroz "dourado" (para produzir beta-caroteno), couve-flor resistente à traça, culturas para ambientes secos/salinos, vacinas e produtos farmacêuticos cultivados em plantas, milho ***Bt***, algodão ***Bt***, alimentos geneticamente modificados (chocolate-Mars, snickers), etc.
- Terapia genética humana, insulina, alimentação de animais com proteínas desnaturadas, aumento da lactação (hormonal), etc.

Produtos biológicos e farmacêuticos obtidos por organismos geneticamente modificados

A aplicação mais bem sucedida e generalizada da tecnologia do ADN recombinante tem sido a produção de proteínas recombinantes como produtos biofarmacêuticos - produtos farmacêuticos produzidos por biotecnologia - em especial, proteínas terapêuticas para tratar doenças. Antes da era do ADN recombinante, as proteínas terapêuticas, como a insulina, os factores de coagulação ou as hormonas de crescimento, eram purificadas a partir do sangue ou de órgãos como o pâncreas ou as glândulas pituitárias. É evidente que estas fontes eram limitadas e os processos de purificação eram dispendiosos. Além disso, os produtos derivados de fontes naturais podiam ser contaminados por agentes patogénicos, como os vírus. Agora que os genes humanos que codificam proteínas terapêuticas podem ser clonados e expressos em tipos de células hospedeiras não humanas, temos fontes mais abundantes, mais seguras e menos dispendiosas de produtos biofarmacêuticos.

Animais transgénicos: papéis importantes na agricultura e na biotecnologia

Embora as plantas geneticamente modificadas sejam um dos principais intervenientes na agricultura moderna, os animais transgénicos estão menos difundidos. No entanto, alguns exemplos de animais de criação geneticamente modificados despertaram o interesse e a controvérsia do público. Os ratos de grandes dimensões com um transgene de hormona de crescimento humana foram alguns dos primeiros animais transgénicos criados. As tentativas de criar animais de criação com genes transgénicos da hormona de crescimento não foram particularmente bem sucedidas, provavelmente porque o crescimento é uma caraterística complexa e mutagénica. Uma exceção notável é o salmão transgénico do Atlântico, com cópias de um gene da hormona de crescimento do salmão Chi-nook adjacente a um promotor constitutivo. Estes salmões amadurecem rapidamente, crescem 400 a 600 por cento mais depressa do que os salmões não transgénicos e parecem não ter efeitos adversos para a saúde devido à adição desse gene. Atualmente, as principais utilizações dos animais de criação transgénicos são como bioreactores para produzir produtos farmacêuticos úteis, mas estão a ser desenvolvidas outras aplicações transgénicas interessantes. Várias destas aplicações destinam-se a aumentar a produção de leite ou a melhorar o valor nutricional do leite. Estão também a ser desenvolvidos esforços significativos de investigação para proteger os animais de criação contra agentes patogénicos comuns que causam doenças e perdas de animais (incluindo potenciais armas biológicas que poderiam ser utilizadas num ataque terrorista contra animais destinados à alimentação) e que põem em risco o abastecimento alimentar. Por exemplo, o controlo da mastite nos bovinos através da criação de vacas transgénicas tem-se revelado promissor. A mastite é uma infeção das glândulas mamárias. É a doença mais dispendiosa que afecta a indústria de lacticínios, causando perdas de mais de 2 mil milhões de dólares nos Estados Unidos. A mastite pode bloquear os canais de leite, reduzindo a produção de leite, e pode também contaminar o leite com micróbios patogénicos. A infeção pela bactéria Staphylococcus aureus é a causa mais comum de mastite, e a maioria dos bovinos com mastite normalmente não responde bem aos tratamentos convencionais com antibióticos. Como resultado, a mastite é uma causa significativa de redução do efetivo.

Numa tentativa de criar gado resistente à mastite, foram geradas vacas transgénicas que possuíam o gene da lisostafina do Staphylococcus simulana. A lisostafina é uma enzima que cliva especificamente componentes da parede celular do S. aureus. As vacas transgénicas que expressam esta proteína no leite produzem um antibiótico natural que evita as infecções por S. aureus. Estas vacas transgénicas não resolvem completamente o problema da mastite porque a lisostafina não é eficaz contra outros micróbios que podem causar mastite; além disso, existe também a possibilidade de o S. aureus desenvolver resistência à lisostafina. No entanto, os cientistas estão cautelosamente optimistas quanto ao facto de as abordagens transgénicas terem um forte futuro para proporcionar aos animais de criação um nível de proteção contra os principais agentes patogénicos. Outro animal de criação transgénico bem sucedido é o Enviropig, um porco que exprime o gene que codifica a enzima fitase. Estes porcos são capazes de decompor o fósforo da dieta, reduzindo assim as quantidades de fósforo na urina e nas fezes, que é um dos principais poluentes ambientais criados pela suinicultura.

Cientistas da Yorktown Industries de Austin, Texas, criaram o GloFish, uma estirpe transgénica de peixe-zebra (Danio rerio) que contém um gene de proteína fluorescente vermelha proveniente de anémonas-do-mar. Comercializado como o primeiro animal de estimação geneticamente modificado nos Estados Unidos, o GloFish fluoresce em cor-de-rosa brilhante quando iluminado por luz ultravioleta. Os críticos dos transgénicos descrevem estes peixes como um abuso da tecnologia genética. No entanto, o GloFish pode não ser uma utilização tão frívola da engenharia genética como alguns pensam. Recentemente, uma variação deste modelo transgénico, que incorpora um promotor induzido por metais pesados adjacente ao gene da proteína fluorescente vermelha, mostrou-se promissora num bioensaio para a contaminação da água por metais pesados. Quando estes peixes-zebra transgénicos se encontram em água contaminada por mercúrio e outros metais pesados, o promotor é ativado, induzindo a transcrição do gene da proteína fluorescente vermelha. Desta forma, a fluorescência do peixe-zebra pode ser utilizada como bioensaio para medir a contaminação e a absorção de metais pesados por organismos vivos.

PONTOS ESSENCIAIS

Os animais transgénicos com características de crescimento melhoradas ou fenótipos desejáveis estão a ser geneticamente modificados para uma série de aplicações diferentes.

REFERÊNCIA

B.D. Singh. (1990). Fundamentos da genética
D.J. Taylor, N.P.O Green, G.W. Stolet .(1997). Ciências biológicas. 3ª edição
Edmund W.sinnott, L.C Dunn, T. Dobzhansky. (1990). Princípio da genética. 5th edition
Klug S.Williams.(2002). Essentials of genetics: Quarta edição. Prentise-Hall, Inc., EUA
Monroe W. Strickberger. (1990). Genetics, 3rd edition
Robert H. Temarin. (1993). Princípio da genética. 4th edition
Stansfield W.D.,(1991). Teoria e práticas da genética: 3rd edition. McGraw-hill, Inc. EUA
William S.Klug, Michael R.Cummings, Charlotte A.Spencer, Michael A.Palladino (2010). Essentials of Genetics: Sétima edição.

MIX
Papier aus verantwortungsvollen Quellen
Paper from responsible sources
FSC® C105338

Printed by Books on Demand GmbH, Norderstedt / Germany